Nawel I

Variabilité de la réponse au sel de variétés de laitue

Nawel Nasri Abdelkader

Variabilité de la réponse au sel de variétés de laitue

stades germination et croissance précoce des plantules

Presses Académiques Francophones

Mentions légales / Imprint (applicable pour l'Allemagne seulement / only for Germany)
Information bibliographique publiée par la Deutsche Nationalbibliothek: La Deutsche Nationalbibliothek inscrit cette publication à la Deutsche Nationalbibliografie; des données bibliographiques détaillées sont disponibles sur internet à l'adresse http://dnb.d-nb.de.
Toutes marques et noms de produits mentionnés dans ce livre demeurent sous la protection des marques, des marques déposées et des brevets, et sont des marques ou des marques déposées de leurs détenteurs respectifs. L'utilisation des marques, noms de produits, noms communs, noms commerciaux, descriptions de produits, etc, même sans qu'ils soient mentionnés de façon particulière dans ce livre ne signifie en aucune façon que ces noms peuvent être utilisés sans restriction à l'égard de la législation pour la protection des marques et des marques déposées et pourraient donc être utilisés par quiconque.

Photo de la couverture: www.ingimage.com

Editeur: Presses Académiques Francophones est une marque déposée de
Südwestdeutscher Verlag für Hochschulschriften GmbH & Co. KG
Heinrich-Böcking-Str. 6-8, 66121 Sarrebruck, Allemagne
Téléphone +49 681 37 20 271-1, Fax +49 681 37 20 271-0
Email: info@presses-academiques.com

Produit en Allemagne:
Schaltungsdienst Lange o.H.G., Berlin
Books on Demand GmbH, Norderstedt
Reha GmbH, Saarbrücken
Amazon Distribution GmbH, Leipzig
ISBN: 978-3-8381-8902-4

Imprint (only for USA, GB)
Bibliographic information published by the Deutsche Nationalbibliothek: The Deutsche Nationalbibliothek lists this publication in the Deutsche Nationalbibliografie; detailed bibliographic data are available in the Internet at http://dnb.d-nb.de.
Any brand names and product names mentioned in this book are subject to trademark, brand or patent protection and are trademarks or registered trademarks of their respective holders. The use of brand names, product names, common names, trade names, product descriptions etc. even without a particular marking in this works is in no way to be construed to mean that such names may be regarded as unrestricted in respect of trademark and brand protection legislation and could thus be used by anyone.

Cover image: www.ingimage.com

Publisher: Presses Académiques Francophones is an imprint of the publishing house
Südwestdeutscher Verlag für Hochschulschriften GmbH & Co. KG
Heinrich-Böcking-Str. 6-8, 66121 Saarbrücken, Germany
Phone +49 681 37 20 271-1, Fax +49 681 37 20 271-0
Email: info@presses-academiques.com

Printed in the U.S.A.
Printed in the U.K. by (see last page)
ISBN: 978-3-8381-8902-4

SOMMAIRE

INTRODUCTION

La germination est considérée comme une étape critique dans le cycle de développement de la plante. En effet, elle conditionne l'installation de la plantule, sa propagation dans le milieu, et probablement sa productivité ultérieure. Le chlorure de sodium présent dans le sol ou dans les eaux d'irrigation affecte la germination des glycophytes de deux manières, en diminuant la vitesse de germination et en réduisant le pouvoir germinatif des graines. Cet effet dépend de la nature de l'espèce, de l'intensité du stress salin et de sa durée d'application. La baisse du pouvoir germinatif est due à l'augmentation de la pression osmotique de la solution du sol, qui ralentit l'imbibition et limite l'absorption de l'eau nécessaire au déclenchement des processus métaboliques impliqués dans la germination. La salinité perturbe également les systèmes enzymatiques impliqués dans les différentes fonctions physiologiques de la graine en germination, telles que les activités des phosphatases acides et des phytases qui jouent un rôle clé dans la remobilisation des réserves de phosphore et en maintenant en équilibre le métabolisme énergétique et le niveau de phosphate inorganique dans les graines germées.

Les contraintes abiotiques modifient le niveau des hormones endogènes et réduisent ainsi la croissance des plantes. Ces hormones jouent un rôle capital dans l'intégration de la réponse exprimée par les plantes en conditions contraignantes. Une des méthodes les plus efficaces pour améliorer le comportement germinatif des plantes dans ces conditions est l'utilisation des hormones régulatrices de la croissance. Dans ce contexte, il a été prouvé que l'application exogène d'acide gibbérellique augmente le pourcentage de germination et la croissance des plantules et permet d'atténuer les effets dépressifs du sel sur la germination.

En outre, le prétraitement des graines, par exemple par des agents osmotiques ou ioniques, a été aussi utilisé pour améliorer la capacité germinative, réduire le temps de germination des graines et permettre l'établissement des plantules en condition de salinité. Dans ce contexte, plusieurs travaux ont rapporté que le prétraitement osmotique des graines a souvent induit des changements cellulaires, subcellulaires et moléculaires, favorisant ainsi la vigueur des semences au cours de la germination et l'émergence chez différentes espèces végétales, sous diverses contraintes environnementales telle que la salinité.

Notre travail a pour objectif de décrire, dans un premier temps, la réponse au sel de quatre variétés de laitue (*Lactuca sativa* L.), au stade germinatif, par des outils physiologiques (paramètres de germination, longueur et poids frais et sec des radicules et des hypocotyles) et biochimiques (phosphatase acide, phytase, phytate, phosphore inorganique). Les effets du prétraitement des graines par KNO_3 et de l'application exogène d'acide gibbérellique sur leur comportement germinatif sont étudiés, dans un deuxième temps, chez une variété sensible au sel, afin de vérifier l'hypothèse d'une amélioration possible de sa capacité à tolérer les conditions contraignantes imposées par la salinité.

PARTIE 1
DONNEES BIBLIOGRAPHIQUES

I. Introduction

La graine est un élément caractéristique des spermaphytes (plantes à graines : angiospermes, gymnospermes) qui assure la propagation et la dissémination des espèces. Il s'agit de l'organe résultant de la double fécondation de l'ovule, contenant l'embryon, un tissu de réserve et des téguments. Les graines ont la propriété d'accumuler, sous une forme facile à conserver, des réserves destinées au développement futur de l'embryon. Plusieurs aspects de la germination se révèlent particulièrement intéressants. Pour la plante, il s'agit d'une étape très importante du cycle de développement, c'est le départ d'une nouvelle vie, assurant la perpétuation de l'espèce. Pour le chercheur, il s'agit d'une transition de la vie ralentie vers une vie active facile à étudier sur le plan métabolique et biochimique.

II. Physiologie de la germination
1. Processus de la germination

Les semences sont définies comme étant les organes que la plante élabore pour assurer sa reproduction, ce sont les porteurs des caractéristiques génétiques et le symbole de la multiplication et de la dispersion (Heydecker, 1973).

La germination est un processus initié par la réhydratation de semences et suivi de la percée de la radicule à travers les enveloppes de la graine. Après avoir mené une vie ralentie pendant une durée plus au moins longue, l'embryon donne naissance à une nouvelle plante. Cette reprise d'activité, marquée par un nouveau fonctionnement métabolique, caractérise la germination (Beweley, 1997). Divers travaux montrent que le processus de germination comprend trois phases (Bewley and Black, 1994; Beweley, 1997 ; Koorneef et *al.*, 2002). La première est la phase d'imbibition caractérisée par une absorption linéaire et intense d'eau qui va permettre la réhydratation des tissus. La deuxième est la phase d'activation des cellules au cours de laquelle il n'y a aucune modification morphologique de la semence. Cette phase précède l'allongement de la radicule et se caractérise par le déclenchement des divisions et des élongations cellulaires au niveau de l'axe embryonnaire. Ces modifications sont associées à une remobilisation et une utilisation des réserves glucidiques, protéiques, lipidiques et phytiques destinées à l'alimentation de la plantule pendant les premiers stades de son développement. La troisième phase correspond à la croissance de la radicule qui perce les téguments et devient visible à l'œil nu.

7

2. Aspects biochimiques de la germination

2.1. Nature biochimique des réserves

Les réserves de la graine ont une grande importance car elles assurent l'alimentation du jeune embryon, au cours de la germination, et de la plantule avant qu'elle ne devienne autotrophe. Même dans de petites graines, comme celles de la laitue (*Lactuca sativa*) pesant seulement quelques mg, les réserves peuvent autoriser la croissance de l'embryon pendant plusieurs jours. Chez des graines, comme la fève pesant jusqu'à 1 g, les réserves sont suffisantes pour assurer cette croissance pendant plusieurs semaines. Les constituants de ces réserves sont stockés dans des organites spécifiques des cellules. On distingue:

Les protéines : quatre groupes de protéines ont été définis en se basant sur des différences de solubilité, ce qui représente une définition opérationnelle: l'albumine, les globulines, les glutélines et les prolamines. Ces protéines sont stockées dans des corps protéiques, généralement répartis dans l'organe de réserves, ou concentrés à la périphérie de la graine chez les céréales (www.ressources-pedagogiques.ups-tlse.fr).

Les glucides : ces composés sont représentés par l'amidon qui constitue la forme principale des réserves glucidiques, notamment chez les graminées où il forme presque tout l'albumen. Il représente le composé glucidique le plus important de notre régime alimentaire. Les hémicelluloses constituent les albumens cornés ou indurés type datte (polymères de pentoses et hexoses) et les sucres solubles sont en petites quantités dans la graine au repos (www.ressources-pedagogiques.ups-tlse.fr).

Les lipides : la plus grande partie de ces réserves est constituée d'ester, de glycérol et d'acides oléique et palmitique, présents en gouttelettes de différentes tailles appelées oléosomes (www.ressources-pedagogiques.ups-tlse.fr).

Les phytates: ces composés représentent une réserve de phosphore, de minéraux et d'énergie, utilisée lors de la germination des graines (Greiner et al., 2000). L'acide phytique ou acide myo-inositol hexaphosphorique est le plus répandu des phospho-glucides. Il renferme six fonctions PO_4 impliquées dans différentes liaisons avec des cations (Fig. 1). Dans les graines, il est présent sous forme de phytine, complexe peu soluble de sels de Ca^{2+} et de Mg^{2+} et surtout de phytates mixtes de K^+, Mg^{2+} et Ca^{2+}; d'autres cations (Zn^{2+}, Fe^{2+} et protéines) sont également présents (Lott et *al.,* 1995).

La localisation des phytates dans la graine n'est pas constante : dans le blé ou le seigle, comme dans la plupart des graines des monocotylédones, 80 à 90 % des phytates sont contenus dans les couches externes des graines. Dans les graines des dicotylédones, les phytates sont surtout présents dans les globoïdes et non dans les enveloppes externes.

8

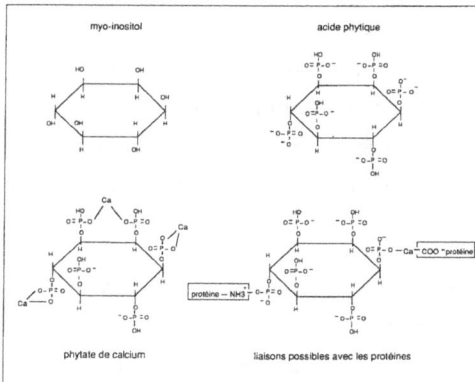

Figure 1: Structure chimique des phytates.

2.2. Phénomènes biochimiques associés aux processus germinatifs (synthèse et sécrétion des enzymes)

La germination commence par l'imbibition qui induit des changements endogènes libérant la graine de sa dormance et se termine par l'émergence de la radicule à travers les téguments (Beweley, 1997). Cette phase d'hydratation permet la reprise des activités métaboliques qui se manifestent très rapidement dès le début de l'imbibition. Cette reprise est liée à l'augmentation du niveau d'activité de certaines enzymes qui catalysent la dépolymérisation des macromolécules des réserves dans les cellules de l'endosperme (Fincher, 1989), fournissant ainsi l'énergie nécessaire à la croissance jusqu'à ce que la plantule devienne autotrophe (Pritchard et *al.*, 2002). En effet, la dégradation des protéines implique une série d'enzymes protéolytiques, les protéases (Palma et *al.*, 2002). Les lipases aussi jouent un rôle important par leur action hydrolytique sur les réserves de triacylglycérols des corps lipidiques, libérant ainsi des acides gras. Ceux-ci sont des précurseurs pour la synthèse des phospholipides nécessaires à la prolifération des systèmes cellulaires endomembranaires au cours du processus germinatif (Vakharia et *al.*, 1987). Les α-amylases, secrétées par la couche d'aleurone sous l'action de la Gibbérelline (Atzorn et *al.*, 1983), contribuent dans la dégradation des réserves d'amidon chez les céréales.

Outre ces enzymes, d'autres contribuent dans l'hydrolyse des esters phosphates, ce sont les phosphatases acides, ce qui libère le phosphate inorganique qui est l'un des minéraux les plus importants et un constituant structural important de plusieurs biomolécules. Il joue un rôle capital dans le transfert d'énergie et dans la régulation du métabolisme cellulaire (Duff et *al.*, 1994). La mobilisation des réserves de phytine est due aux phytases qui constituent une classe spéciale des

9

phosphatases dont l'activité libère le phosphore à partir des acides phytiques et d'autres substrats phosphorés (Senna et *al.*, 2006).

Au cours de la germination, il se produit aussi une activation des enzymes du cycle respiratoire ayant pour résultat de produire de l'ATP à partir de substrats libérés par les enzymes d'hydrolyse. L'intensité respiratoire s'accroît très fortement au cours des premiers stades de la germination et s'accompagne parfois d'un dégagement de chaleur (Ehrenshaft et Brambl, 1990).

3. Les paramètres de la germination

Les courbes de la cinétique de germination ont permis de définir plusieurs paramètres caractéristiques de ce phénomène. On distingue:

- Le pouvoir germinatif, exprimé par le pourcentage de semences aptes à germer dans les conditions les plus favorables,
- La capacité germinative définie par le pourcentage de semences capables de germer dans des conditions bien définies,
- La vitesse de germination qui s'exprime par le temps nécessaire pour atteindre 50 % de la capacité de germination, ou par la constante de vitesse K qui peut être déduite du modèle empirique admettant comme équation :

$$Y = Ym * [1 - Exp (-k (t - t_0))]$$

Dans cette équation, Y représente le nombre de graines germées en fonction du temps (t), Ym le taux final de germination ou capacité germinative (%), k la constante de vitesse de germination, et to le temps de latence (h).

III. Effet de la salinité (NaCl) sur la germination

La germination est un processus de développement clé dans le cycle de vie des plantes. Durant l'imbibition, les cellules embryonnaires passent d'une phase de repos à une autre à haute activité métabolique (Gallardo et *al.*, 2001). La salinité est une contrainte environnementale qui pourrait agir sur la germination. Le premier effet de la salinité se manifeste par un retard de la germination, tel qu'il a été observé chez plusieurs espèces végétales comme la tomate (Torres-Schumann et al., 1989), la fève (Belkhoja et Soltani, 1992), *Atriplex prostrata* (Katembe et *al.,* 1998) et le blé (Rahman et al., 2008). Chez d'autres espèces (*leymus arenarius*, Greipsson, 1997; et *Citrullus lanatus* L., Askri et *al.*, 2007), le sel affecte aussi bien la vitesse que le pourcentage final de germination. Chez la tomate, il induit une diminution marquée du pourcentage final de germination, de 30 et 60 % du témoin respectivement à 137 et 171 mM NaCl, et qui atteint 95 % à 200 mM (Torres-Schuman et *al.*, 1989). Cependant, chez le piment, le sel retarde la germination, mais reste sans effet sur le pourcentage final de germination (Chartzoulakis et Kalpaki, 2000). Ce phénomène est aussi rapporté chez 9 variétés de laitue, *Lactuca sativa* L. (Zapata et *al.*, 2003).

Par ailleurs, des différences de sensibilité au sel au cours de la germination ont été rapportées par Belkhoja et Soltani (1992) chez plusieurs lignées de fève (*Vicia faba* L.). Selon ces résultats, les lignées tolérantes montrent un taux final de germination insensible à NaCl et une faible réduction de la vitesse de germination, contrairement aux sensibles.

Il a été démontré que le sel agit sur la germination des graines par ses effets osmotique et/ou toxique (Rehman et *al.*, 1996; Katembe et *al.*, 1998; Pujol et *al.*, 2000; Tobe et *al.*, 2004). L'effet osmotique résulte principalement de la difficulté de la graine à s'imbiber d'eau en présence de NaCl. En effet, la diminution du potentiel osmotique de la solution d'imbition entraîne des difficultés d'hydratation pour l'embryon qui se trouverait dans l'incapacité d'absorber les quantités d'eau nécessaires au démarrage des processus vitaux de la germination et conduit à une diminution de sa vitesse (Bliss et *al.*, 1986). L'effet toxique est lié à une accumulation cellulaire de Na^+ et Cl^- provoquant une altération des processus métaboliques de la germination, ce qui empêche la levée de la dormance de l'embryon et conduit à une diminution de la capacité germinative (Werner et Finkelstein, 1995).

IV. Effet de la salinité sur la croissance précoce des plantules

La croissance des plantules désigne, en termes exacts, la longueur et la biomasse des radicules et des hypocotyles. L'effet de la salinité sur la germination des graines s'étend aussi sur la croissance précoce des plantules. En effet, Rahman et *al.* (2008) ont montré que l'augmentation de la concentration en NaCl de la solution d'imbition diminue la longueur et les biomasses des radicules et des hypocotyles chez quatre cultivars de blé. Ce phénomène est aussi rapporté chez des espèces de *Brassica* (Jamil et *al.*, 2005), de haricot (Jeannette et *al.*, 2002) et de chou chinois (Memon et *al.*, 2008). En outre, la croissance des hypocotyles est plus inhibée par le sel que celle des radicules chez toutes les espèces de *Brassica* (Jamil et *al.*, 2005). Des observations similaires ont été rapportées chez l'orge (Huang et Redmann, 1995), la tomate (Foolad, 1996) et le blé (Rahman et *al.*, 2008). Par contre, Hussain et Rehman (1995, 1997) ont observé, chez le tournesol (*Helianthus annuus* L.), que c'est la croissance des radicules qui est plus diminuée par le sel que celle des hypocotyles. En plus de son effet restrictif sur la croissance des radicules, la salinité diminue la capacité d'absorption d'eau et des nutriments essentiels à partir du sol (Neumann, 1995).

11

V. Effet de la salinité sur les activités enzymatiques: les phosphatases acides et les phytases

1. Les phosphatases acides

Les phosphatases sont généralement classées en phosphatases acides et alcalines selon leur pH optimum, qui est de 5 à 6 pour les premières, et de 9 à 10 pour les secondes (Duff et *al.*, 1994). Les phosphatases acides forment un groupe d'enzymes qui catalysent l'hydrolyse des liaisons esters phosphoriques dans un environnement acide, soit pour des valeurs de 6 unités de pH (Vincent *et al.*, 1992). Elles sont rencontrées aussi bien dans le règne animal que dans les règnes végétal et microbien (Hollander, 1970). Chez les végétaux, les phosphatases acides ont été caractérisées dans les graines (Biswas et Cundiff, 1991 ; Ferreira et *al.*, 1998; Granjeiro *et al.*, 1999), les tubercules (Gellatly *et al.*, 1994 ; Kusudo *et al.*, 2003), les racines (Panara *et al.*, 1990), les feuilles (Staswick *et al.*, 1994) et les bulbes (Guo et Pesacreta, 1997).

Plusieurs rôles sont attribués aux phosphatases acides chez les plantes, où elles peuvent participer dans les voies de transduction des signaux (Plaxton, 1996), dans la régulation du métabolisme par déphosphorylation des protéines (Duff et *al.*, 1994) et dans la libération du phosphate inorganique à partir des composés phosphatés (Aoyama et *al.*, 2001). Il est connu que le phosphore joue un rôle vital dans le transfert d'énergie et dans la régulation métabolique, et c'est aussi un constituant structural important de plusieurs macromolécules tel que les phospholipides, les protéines et les acides nucléiques (Duff et *al.*, 1994). La demande en phosphore augmente principalement durant la période active de la croissance et des divisions cellulaires, tel qu'il a été mis en évidence au cours de la germination des graines (Hegeman et Grabau, 2001). Les phosphatases acides sont impliquées dans les processus métaboliques associés à la germination et à la maturation des plantes. Elles sont toujours exprimées dans les graines durant la germination, et leur activité augmente à ce stade pour libérer les substances de réserve nécessaires à la croissance de l'embryon (Biswas et Cundiff, 1991 ; Thomas, 1993). L'activité des phosphatases acides (APA) est mise en évidence au cours de la germination des graines de plusieurs espèces, tels que le lupin (Zheng et Duranti, 1995), le soja (Prazeres et *al.*, 2004) et le maïs (Senna et *al.*, 2006). Il est ainsi démontré que ces enzymes ont une activité optimale pour des valeurs de pH comprises entre 4.5 et 5, un temps linéaire d'incubation de 60 min et une température optimale de 37°C. Cette activité est fortement inhibée par le molybdate d'ammonium, le vanadate et le chlorure de zinc ($ZnCl_2$).

On distingue deux sites de localisation des phosphatases acides, les sites extracellulaires et les sites intracellulaires. Les phosphatases acides extracellulaires sont localisées dans les parois cellulaires, et/ou peuvent être secrétées par les racines ou des cellules en suspension, respectivement dans la rhizosphère et le milieu de culture (LeBansky et *al.*, 1992). Ces phosphatases sont impliquées dans l'hydrolyse des composés phosphorylés du sol mobilisant ainsi le phosphore (Pi) nécessaire à la nutrition de la plante (Lefebvre et *al.*, 1990). La sécrétion des phosphatases acides par les cellules de la racine se produit lorsque les cellules ou le milieu extérieur sont carencés en composés phosphatés (Duff et *al.*, 1994).

Les phosphatases acides intracellulaires sont décelées dans les graines dormantes (Ching et *al.*, 1987), les graines germées (Biswas et Cundiff, 1991), les feuilles (Pan, 1987, Yan et *al.*, 2001) et les racines (Panara et *al.*, 1990). Les études histochimiques et de fractionnement subcellulaire ont révélé que la plupart des phosphatases acides intracellulaires sont présentes surtout dans les vacuoles (Duff et *al.*, 1994).

2. Les phytases

Le phytate (myo-inisotol-(1,2,3,4,5,6) hexaphosphate) est la forme primaire de réserve de phosphore et d'inositol dans toutes les graines (Greiner et *al.*, 1998; Bergman et *al.*, 2000). L'hydrolyse du phytate en phosphore et en inositol est réalisée par des enzymes, les phytases, qui sont des phosphatases spécifiques du phytate (Greiner et *al.*, 1998), les autres phosphatases étant incapables de le dégrader (Greiner et *al.*, 2000). Les phytases sont des enzymes relativement peu spécifiques, car elles sont capables d'hydrolyser une variété d'esters phosphate avec une préférence claire pour les acides phytiques (Duff et *al.*, 1994). Toutes les phytases des graines ont une activité optimale pour des pH compris entre 4 et 5,6. (Gibson et Ullah, 1988). Durant la germination des graines, la fonction principale des phytases est de libérer, à partir du phytate, une part importante du phosphore inorganique représentant 60 à 90 % du phosphore total (Greiner et *al.*, 2000), et qui sera par la suite utilisée pour la croissance des plantules.

Plusieurs auteurs ont étudié les phytases au niveau des graines de maïs, d'orge et de riz (Laboure et *al.*, 1993; Greiner et *al.*, 1998, 2000). Une augmentation marquée de l'activité de ces enzymes associée à une diminution du contenu en phytate et une élévation du contenu en phosphore est observée durant la germination de toutes les graines (Greiner et *al.*, 2000).

3. Effet de la salinité sur l'activité des phosphatases acides et des phytases

La salinité est une contrainte abiotique qui affecte la physiologie et la biochimie des cellules végétales. En effet, Gill et Singh (1985) ont rapporté que la germination, la croissance, la respiration et d'autres processus métaboliques sont affectés dans les graines soumises à des contraintes environnementales. Tout changement dans l'un de ces processus peut affecter les autres activités métaboliques, particulièrement les enzymes du métabolisme du phosphore qui jouent un rôle important dans la germination et le développement des graines. Selon Fincher (1989), la réduction de la croissance et de l'approvisionnement en phosphate en conditions de stress induit une activation des phosphatases cellulaires qui vont libérer les phosphates solubles à partir des composés phosphatés à l'intérieur ou à l'extérieur des cellules, ce qui entraîne un ajustement osmotique par un mécanisme d'absorption du phosphate libre. Pan (1987) a montré que la salinité du milieu de culture entraîne une activation des phosphatases acides dans les feuilles d'épinard. Il en est de même des phosphatases acides du pois, *Pisum sativum* (Olmos et Helin, 1997), et des phosphatases acides et alcalines dans l'embryon de sorgho (Sharma et *al.*, 2004). Jain et *al.* (2004) ont également montré que l'activité des phosphatases acides au niveau des endospermes des graines de sorgho est significativement accrue après un traitement par le sel.

La comparaison des profils électrophorétiques des phosphatases acides de feuilles témoins et traitées par le sel a aussi révélé que la salinité induit une augmentation spécifique de l'activité des phosphatases acides de poids moléculaires élevés. Des études faites sur des cultivars de riz ont montré que le sel induit une diminution de cette activité chez les cultivars sensibles et, par contre, une augmentation chez les cultivars tolérants (Dubey et Sharma, 1990). L'analyse des profils obtenus par électrophorèse sur gel de polyacrylamide a révélé que le nombre de bandes (correspondant à des isoenzymes) ainsi que leur intensité sont différemment affectés par la salinité, chez les deux types de cultivars. La forte activité de ces enzymes induite par le sel chez les cultivars tolérants est corrélée avec l'apparition de nouvelles isoenzymes et l'augmentation d'activité des isoenzymes existantes. Il est ainsi déduit que les phosphatases acides agissent en conditions de stress salin et hydrique pour maintenir un certain niveau de phosphate inorganique qui sera co-transporté avec les ions H^+ selon un gradient électrochimique de ces protons.

VI. Effet des acides gibbérelliques sur la germination et les activités enzymatiques (phosphatases acides et phytases) en interaction avec la salinité

La germination est sous le contrôle de phytohormones endogènes comme l'acide abscissique (ABA) et les gibbérellines (GA). Ces deux types de phytohormones ont des effets antagonistes, le premier établit et maintient la dormance, alors que le second stimule la germination (Grappin et *al.,* 2000). Celle-ci débute par une mobilisation des réserves à partir de l'endosperme (organes de stockage de la graine), où elles sont emmagasinées sous forme de carbohydrates, de protéines, de lipides, de phosphates et d'acides aminés. Cette mobilisation se fait sous l'action d'enzymes hydrolytiques qui catalysent la dépolymérisation des macromolécules de réserve dans les cellules de l'endosperme (Fincher, 1989), fournissant ainsi l'énergie nécessaire à la croissance jusqu'à ce que la plantule devienne autotrophe (Pritchard et *al.,* 2002).

La germination des graines est initiée par l'absorption d'eau et sa fin est signalée par l'émergence et le développement des radicules et des hypocotyles. L'imbibition des graines active la libération de signaux hormonaux par l'embryon qui sont à l'origine de la synthèse des enzymes au niveau de l'endosperme (Fincher, 1989).

Iqbal et *al.* (2001) ont démontré que le sel induit une réduction marquée du pourcentage de germination ainsi que de la longueur et des biomasses fraîche et sèche des radicules et des hypocotyles de deux variétés de pois-chiche. Cependant, cet effet du sel est annulé par traitement avec les gibbérellines. En effet, l'application d'acide gibbérellique compense l'effet dépressif de la salinité sur la germination et la croissance précoce des plantules, tel qu'il a été observé chez le blé (Aldesuquy, 1998), le pois-chiche (Stavir et *al.*, 1998) et le haricot mungo (*Vigna radiata*) (Nandini et *al.*, 2001; Abdel haleem, 2007).

Sous l'effet des stress abiotiques, il se produit une altération du niveau des hormones de croissance des plantes suivie d'une diminution de leur croissance (Morgan, 1990). Ces hormones jouent un rôle central dans l'intégration des réponses mises en œuvre par les plantes en condition de stress (Amzallag et *al.*, 1990). Outre ce rôle dans l'adaptation des plantes aux stress, les hormones de croissance des plantes améliorent aussi la germination des graines (Banyal et Rai, 1983). L'acide abscissique (ABA) est une importante hormone de stress qui sert d'intermédiaire dans les voies de transduction de signaux activées sous contraintes abiotiques, telles que la sécheresse et la salinité (Xiong et Zhu, 2003). Les fortes salinités retardent la germination des graines en réduisant la biosynthèse d'acide gibbérellique (Lopez et *al.*, 2001). Selon les travaux de Kim et Park (2008), le stress salin inhibe la transcription du gène GA3ox1 qui code pour l'enzyme de biosynthèse du GA, appuyant l'hypothèse que les fortes salinités affectent la biosynthèse de cette hormone.

L'acide gibbérellique et la kinétine induisent une augmentation du pourcentage de germination et de la croissance des plantules (Kaur et *al.*, 1998). En effet, l'application exogène d'acide gibbérellique est capable d'atténuer l'effet dépressif de la salinité en stimulant les paramètres de croissance et en augmentant la synthèse des protéines (synthèse de nouvelles protéines et accumulation de certaines protéines existantes) ainsi que l'activité des enzymes antioxydantes : les catalases et les peroxydases (Abdel haleem, 2007). Stavir et *al.* (1998) ont montré que, sous conditions stressantes, les gibbérellines augmentent la mobilisation de l'amidon en stimulant l'activité des amylases au niveau des cotylédons, ce qui conduit à une meilleure croissance des plantules. Dans leur étude sur le mil (*Pennisetum glaucum*), Jain et *al.* (2004) ont observé une augmentation significative de l'activité des phosphatases acides et alcalines après un traitement par l'acide gibbérellique, par comparaison avec des embryons non traités. Une élévation significative de l'activité des phosphatases acides et alcalines est observée au niveau des embryons de sorgho (*Sorghum bicolor* L.) après un traitement par l'acide gibbérellique (Sharma et *al.*, 2004).

VII. Prétraitement des graines pour améliorer leur capacité germinative

Il a été démontré que le prétraitement des graines est suivi d'un effet améliorateur sur la germination des graines et l'émergence, chez plusieurs espèces végétales (Bradford, 1986), comme le tournesol, le soja et la betterave à sucre (Singh, 1995; Khajeh-Hossine et *al.*, 2003; Sadeghian et Yavari, 2004).

Le prétraitement des graines affecte la phase de latence et induit une réplication précoce de l'ADN (Bray et *al.*, 1989), une augmentation de la synthèse d'ARN et des protéines (Fu et *al.*, 1988), une plus grande disponibilité de l'ATP (Mazor et *al.*, 1984), et une croissance plus rapide de l'embryon (Dahal et *al.*, 1990). Toutefois, le prétraitement osmotique active les processus liés à la germination, en agissant sur le métabolisme oxydatif, par exemple par une augmentation de la superoxyde dismutase (SOD) et de la peroxydase (POD) (Jie et *al.*, 2002), ou en activant des enzymes comme l'ATPase (Mazor et *al.*, 1984), les phosphatases acides et l'ARN synthase (Fu et *al.*, 1988). Salehzade et *al.* (2009) montre que le traitement osmotique améliore la germination des graines de blé et augmente le poids secs des plantules et la longueur des radicules et des hypocotyles qui peut être due à l'amélioration de la synthèse D'ADN et d'ARN et l'augmentation de la réplication nucléaire durant le traitement des graines.

Les techniques de prétraitement des graines améliorent la germination des graines, le taux d'émergence et l'établissement des plantules sous des conditions de salinité pour plusieurs plantes (Siviriteps et *al.*, 2003 ; Iqbal et *al.*, 2006 ; Damirkaya et *al.*, 2006 ; Yagmur et Kaydan, 2008 ; Bajehbaj 2010 ; Sedghi et *al.*, 2010).

En outre, chez la tomate (Cano et *al.*, 1991; Cayuela et *al.*, 1996) comme chez le concombre (Passam et Karkouriotis, 1994), le prétraitement des graines a amélioré la germination, l'émergence et la croissance des plantules sous conditions de salinité. Par exemple, Sivritepe et *al.* (1999) ont rapporté que le prétraitement par NaCl des graines de melon augmente le taux d'émergence et la biomasse sèche des plantules. Ils admettent que le prétraitement par NaCl peut être utilisé comme une méthode pratique pour améliorer la tolérance au sel des graines. Masoudi et *al.* (2010) suggèrent dans leur étude que le prétraitement des graines de deux graminées avec des solutions osmotiques ($CaCl_2$ et NaCl) augmente la croissance des plantules, le pourcentage et le taux d'émergence et une meilleure croissance des radicules et des hypocotyles en diminuant la toxicité ionique, en améliorant la capacité d'absorption de Na^+ et en ajustant le rapport Na^+/K^+ dans les hypocotyles. Par conséquent le prétraitement des graines peut être efficace pour induire la tolérance au sel des espèces dans des conditions de salinité. Le prétraitement hydrique des graines de maïs a été rapporté plus efficace dans l'amélioration de la germination et la croissance des plantules que le prétraitement osmotique en condition de salinité (Janmohammadi et *al.*, 2008). Aussi les études de Kaya et *al.* (2006) et Basra et *al.* (2006) ont révélé que les graines du tournesol et du blé traitées par l'eau peuvent germer plus vite et produire des semis plus longs en condition de salinité que les graines non traitées.

16

Comme chez les glycophytes, la germination des halophytes est réduite par la salinité (Debez et *al.*, 2004). Selon les travaux d'Attia et *al.* (2009), la salinité (NaCl) diminue significativement à la fois le pourcentage et le taux de germination à 100 mM et inhibe presque complètement ces paramètres à 200 mM, chez *Crithmum maritimum*. Néanmoins, cet impact négatif a été considérablement atténué par NO_3^- additionné sous forme de KNO_3 ou de $NaNO_3$. Une telle amélioration de la germination en conditions salines, utilisant soit des sels azotés comme $NaNO_3$ et KNO_3 ou des hormones, a été retrouvée chez d'autres halophytes comme *Atriplex griffithii* (Khan et Ungar, 2000). NO_3^- est une importante source d'azote pour les plantes, mais aussi une molécule impliquée dans les voies de signalisation qui contrôlent divers aspects du développement des plantes (Alboresi et *al.*, 2006).

La salinité affecte la germination en diminuant la teneur en azote des graines, ce qui limite la croissance de l'embryon. Selon Attia et *al.* (2009), l'addition de NO_3^- (KNO_3 ou $NaNO_3$) améliore la germination des semences d'une manière significative sous conditions de salinité. Cet effet a été retrouvé, chez *Arabidopsis thaliana*, non seulement pour KNO_3, mais aussi pour les sources d'azote en général qui ont pour effet de lever partiellement la dormance des semences en diminuant les niveaux de l'ABA dans les graines (Ali-Rachedi et *al.*, 2004). En outre, Bajehbaj (2010) suggère que le prétraitement des graines par KNO_3 augmente la tolérance au sel des graines de tournesol en favorisant l'accumulation de K et Ca et en induisant une régulation osmotique par l'accumulation de proline. Dans leurs travaux sur des cultivars de *Brassica napus*, Hassanpouraghdam et *al.* (2009) ont rapporté également que le prétraitement des graines par KNO_3 augmente le pourcentage de germination, le temps moyen de germination et la croissance des plantules en condition de salinité. Pour ces auteurs, l'effet améliorateur de KNO_3 sur la germination serait dû à son rôle d'osmoticum impliqué dans le maintien de la turgescence des graines. Il a été ainsi suggéré que le prétraitement des semences par KNO_3 est une méthode efficace pour améliorer la germination et la croissance des plantules en condition de salinité.

VIII. Intérêt de la laitue: *Lactuca sativa* L.

Lactuca sativa L. est une plante annuelle herbacée, appartenant à la famille des composés (Astéracées), l'une des larges et diverses familles des plantes à fleurs et comprenant 1/10 de toutes les espèces connues d'Angiospermes. La laitue est originaire des terres méditerranéennes et sa culture a été débutée en Egypte depuis 4500 avant JC pour l'importance des huiles extraites à partir de ses graines. Aujourd'hui, la laitue est une culture importante et elle représente le légume essentiel de salades cultivées dans les États-Unis (Davis Subbarao et Kurtz 1997).

La laitue est connue par sa valeur nutritive impliquant des composés divers et importants tels que les antioxydants phénoliques, vitamine A et C, le calcium et le fer. Dans le domaine médicinal, les graines de la laitue sont utilisées sous forme de poudre pour le traitement de la rhinite, l'asthme, la toux et la coqueluche, et leur décoction est utilisée pour le traitement de l'insomnie en tant que sédatif. Par ailleurs, l'huile extraite à partir des graines possède des vertus analgésiques une fois appliquée en cataplasme sur la tête (Said et *al.,* 1996).

PARTIE 2
MATERIEL ET METHODES

1. Matériel végétal

Le matériel végétal utilisé est la laitue (*Lactuca sativa* L.). La laitue est une plante annuelle appartenant au genre *Lactuca* de la famille des Astéracées, largement cultivées pour ses feuilles tendres consommées comme légume, généralement crues en salade. Son nom scientifique : *Lactuca sativa* L., son nom commun : laitue, batavia, romaine…. Le nom laitue dérive du latin *Lactuca*, qui rappelle la présence dans cette plante d'un latex blanc caractéristique du genre (*Lactuca sativa*).

Classification classique :

Règne: Planta

Classe: Magnoliopsida

Ordre: Asterales

Famille: Asteraceae

Genre: *Lactuca*

Nom binomial : *Lactuca sativa* L.

Il existe quatre variétés principales de laitues cultivées :

> *Lactuca sativa* var. Augusta : la laitue asperge

> *Lactuca sativa* var. Capitata: la laitue pommée

> *Lactuca sativa* var. Crispa : la laitue frisée et la laitue à couper

> *Lactuca sativa* var. Longifolia: la laitue Romaine

La graine de laitue se compose d'un embryon enveloppé par trois couches de tissu bien définis (Photo 1). La couche de tissu profond qui entoure l'embryon est l'endosperme. Dans beaucoup de graines, l'endosperme est un tissu de type stockage en vrac qui fournit l'énergie pour la germination. Dans des graines de laitue, cependant, l'endosperme est une couche de tissu mince (2-4 cellules) qui est associé avec le mécanisme de dormance de la graine et qui agit comme un manteau de la graine, plus les enveloppes de la graine (le péricarpe et les couches de tégument).

(www.seedquest.com/vegetables/lettuce/expo/seeddynamics/seedstructure.htm)

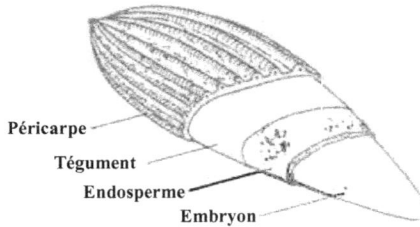

Photo 1. Structure d'une graine de laitue

(www.seedquest.com/vegetables/lettuce/expo/seeddynamics/seedstructure.htm)

Les semences, utilisées dans nos expériences, nous ont été fournies par le laboratoire des semences du ministère de l'agriculture de Tunis. Nous avons utilisé quatre variétés : Romaine, Augusta, Vista et laitue Vert.

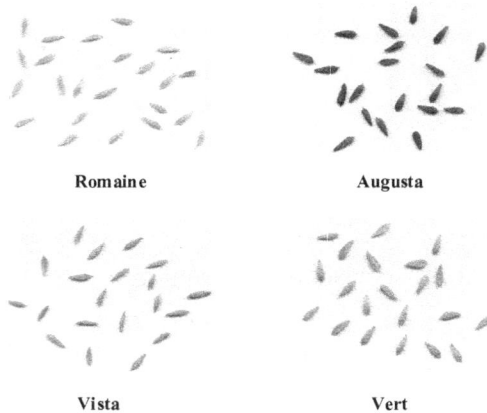

Photo 2. Photo des graines de quatre variétés de laitue (*Lactuca sativa* L.): Romaine, Augusta, Vista et Vert

2. Tests et conditions de germination

❖ Effet de la salinité (NaCl) sur la germination

Les réponses au sel de quatre variétés de laitue (Romaine, Augusta, Vista et Laitue Vert) sont comparées, au stade de la germination, sur milieux d'imbibition additionnés ou non de NaCl, afin de choisir la concentration de NaCl qui permet de mettre en évidence des différences variétales. Les graines sont imbibées, pendant deux heures à l'obscurité, dans de l'eau distillée (témoin) ou des solutions de NaCl à différentes concentrations 50, 100 et 150 mM, puis réparties dans des boites de

Pétri contenant du papier filtre imbibé avec chacune de ces solutions. La germination est réalisée à l'obscurité à une température de 25°C.

❖ **Effet d'apport exogène d'acide gibbérellique (GA) sur la germination:**

Dans le but d'étudier l'effet d'un apport exogène d'acide gibbérellique sur la germination des graines de laitue en conditions de salinité, les milieux d'imbition sont additionnés d'acide gibbérellique à des concentrations de 3, 6 et 9 µM. Les graines de laitue sont mises à germer dans les mêmes conditions que celles décrites précédemment.

❖ **Effet du prétraitement des graines par KNO₃ sur la germination de la variété sensible de laitue**

Les graines de laitue (variété sensible) sont traitées par une solution de KNO_3 (50 mg/l) pendant 2 h à l'obscurité (Singh and Rao, 1993). Ensuite, elles sont rincées trois fois avec de l'eau distillée, puis séchées à température ambiante (25 °C) pendant 2 jours durée suffisante pour que leur contenu initial en eau soit atteint. Les graines non traitées sont aussi équilibrées à température ambiante pendant 2 jours. Des tests de germination sont effectués sur les graines traitées et non traitées en absence et en présence de NaCl, 100 mM et différents paramètres sont ensuite déterminés.

3. Estimation des paramètres de germination

Une graine est considérée germée lorsque la radicule perce les enveloppes de la graine et devient visible à l'œil nu. Les graines germées sont comptées chaque jour pendant 4 jours. Le pourcentage final de germination est calculé comme suit: %FG = (100*nombre de graines germées)/ Nombre total de graines mises à germer).

Un modèle empirique est utilisé pour simuler les courbes de germination expérimentales à partir des pourcentages de germination estimés quotidiennement.

Ce modèle est basé sur la méthode d'ajustement non linéaire qui admet l'équation:

$$Y = Ym * (1 - Exp (-K (t - t_0)))$$

Y : Nombre des graines germées en fonction du temps.

Ym : Taux final de germination : Capacité germinative (%).

K : Constante de vitesse de germination.

t_0 : Temps de latence (h).

t : Temps (h)

21

Nous examinons successivement chacun de ces paramètres chez les graines des différentes variétés et l'influence que peut exercer le sel sur chacun d'elles.

4. Mesure des paramètres de croissance

Les biomasses (fraîche et sèche) et la longueur des radicules et des hypocotyles sont déterminées après 4 jours de germination.

5. Détermination des paramètres biochimiques

Pour les activités enzymatiques, les mesures sont effectuées sur les différentes parties de la graine germée : la radicule, l'hypocotyle et les cotylédons sur une cinétique de 96 h à un intervalle de 24 h.

5.1. Mesure de l'activité des phosphatases acides

Les phosphatases acides sont des enzymes hydrolytiques qui permettent la libération et le transport du phosphate inorganique à partir des esters de phosphate. Puisque les phosphatases acides sont des enzymes non spécifiques et catalysent l'hydrolyse de plusieurs substrats différents, il est possible d'utiliser des esters phosphates artificiels pour déterminer leurs activités. Le p-nitrophenyl phosphate est un bon substrat car son hydrolyse donne, en plus du phosphate inorganique (Pi), le p-nitrophénol qui est un produit facile à doser. En effet, la soude utilisée pour le blocage de cette réaction réagit avec le p-nitrophénol pour former le p-nitrophenolate qui est un composé de couleur jaune dont l'absorbance est lue à 400 nm.

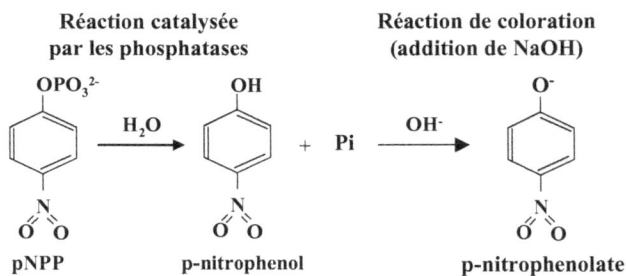

5.1.1. Préparation de l'extrait enzymatique. Les graines sont broyées dans du tampon acétate de sodium 0.1 M; pH=4.5 à 4°C. Les broyats obtenus sont centrifugés à 4°C, pendant 15 min. Le surnageant contenant l'enzyme est récupéré et utilisé pour la mesure de l'activité phosphatasique.

5.1.2. *Dosage de l'activité des phosphatases acides.* Le milieu réactionnel contient de p-nitrophényl phosphate 5 mM (substrat de l'enzyme), de tampon acétate 0.05 M (pH=5) et 40 µl d'enzyme dans un volume final de 200 µl. Après une incubation de 30 min à 37 °C, la réaction est arrêtée par l'addition de 800 µl de NaOH (0,1 N). La quantité de p-nitrophénol libérée est mesurée au moyen d'un spectrocolorimètre (densité optique lue à 400 nm). Une unité enzymatique est définie comme la quantité d'enzyme capable de libérer une nmol de p-nitrophénol par minute (Saluja et *al.,* 1989). L'activité phosphatase acide est exprimée en nmol min^{-1} $organe^{-1}$.

5.1.3. *Préparation de la gamme étalon.* Le p-nitrophénol est le produit formé au cours de la réaction catalytique des phosphatases acides. A partir d'une solution mère de p-nitrophenol 10 mM, on prépare des solutions étalons dont les concentrations sont de 0, 0.2, 0.4, 0.6, 0.8, 1.0, 1.2 et 1.4 mM.

5.2. Mesure de l'activité des phytases

Les phytases forment un groupe spécial des phosphatases capables d'hydrolyser le phytate (hexa phosphate d'inositol) en phosphate et en une série de composés intermédiaires de phosphate d'inositol. L'acide phytique est utilisé comme substrat artificiel pour doser l'activité des phytases dans les graines germées de laitue.

5.2.1. *Préparation d'extrait enzymatique.* La graine germée est séparée en radicule, hypocotyle et cotylédons. Ces échantillons sont broyés séparément dans du tampon acétate (0,1 M ; pH=5,4) puis centrifugés à 13,000 g pendant 15 min. Les surnageants sont récupérés pour les essais de l'activité des phytases, le dosage des protéines et du phosphore inorganique. Toutes ces expériences sont effectuées à 4°C.

5.2.2. *Dosage de l'activité des phytases.* L'activité des phytases est déterminée en mesurant le phosphore inorganique libéré à partir du phytate de sodium (Houde et *al.,* 1990). Une unité enzymatique est définie comme la quantité capable de libérer une µmole de phosphore par minute sous les conditions expérimentales adoptées (Sung et *al.,* 2005). Le milieu réactionnel contient du phytate de sodium 1 mM, du tampon acétate (0,1 M ; pH=5,4) et l'extrait enzymatique dans un volume final de 1 ml. Après une incubation 1h 30 à 37°C, la réaction est arrêtée par l'addition de 1 ml d'acide trichloracétique (TCA) 10%. Le phosphore inorganique libéré est déterminé par la méthode de Vert de Malachite (Ohno & Zibilske, 1991).

Pour chaque extrait, on prépare un blanc contenant le même milieu réactionnel où on ajoute 1 ml de TCA après l'extrait enzymatique pour stopper la réaction immédiatement sans incubation.

5.3. Dosage du phosphore inorganique.

La mesure de la concentration en orthophosphate (Pi) s'effectue selon la méthode de Vert de Malachite (Ohno & Zibilske, 1991). Pour chaque échantillon, on prélève 1 ml auquel on ajoute 0,2 ml de réactif 1 R1 (17.55 g d'heptamolybdate d'ammonium dissous dans 168 ml de H_2SO_4 puis complété à 1 L avec de l'eau distillée). Après 10 min, on ajoute 0,2 ml de réactif 2 R2 (3,5 g de Polyvinyl Alcool (PVA) sont dissous dans de l'eau bouillante à 80°C ; après refroidissement, on ajoute 0,35 g de Vert de Malachite et on complète à 1 L avec de l'eau distillée). L'absorbance est lue à 630 nm après 30 min à température ambiante. La gamme étalon est établie à partir d'une solution de KH_2PO_4 pour des concentrations de Pi comprises entre 0 et 20 µM.

5.4. Etude des propriétés biochimiques des deux types d'enzymes (phosphatases acides et phytases)

Des graines germées pendant 24 h sont broyées dans du tampon acétate de sodium (0.1 M; pH=4.5) pour le dosage des phosphatases acides et dans du tampon acétate (0,1 M; pH=5,4) pour le dosage des phytases. Les broyats sont ensuite centrifugés à 13,000 g pendant 15 min. Les surnageants sont récupérés pour l'étude des propriétés biochimiques des deux enzymes.

❖ **pH optimum:** l'effet de la variation du pH sur l'activité des phosphatases acides et des phytases est étudié entre les pH 2.6 et 9 en utilisant différents tampons à une concentration de 0.1 M: tampon glycine-HCl (pH : 2.6-3.6); tampon acétate (pH: 4-5,6) et tampon Tris-HCl (pH: 6–9) en utilisant les mêmes méthodes de dosage pour chaque enzyme décrites précédemment (*cf* Partie 2 § 5.1.2 et 5.2.2)

❖ **Température optimale:** chaque enzyme est incubée dans du tampon acétate et du substrat spécifique pendant 30 min à différentes températures : 20, 30, 35, 40, 50, 60 et 80°C. L'activité phosphatasique est ensuite déterminée selon le même protocole décrit précédemment.

❖ **Temps d'incubation:** l'enzyme est incubée pendant 30 min dans du tampon acétate, 0.05 M à pH 5 en présence de substrat p-nitrophenyl phosphate pour les phosphatases acides et dans du tampon acétate, 0.1 M à pH 5.4 et de l'acide phytique pour les phytases à différents temps d'incubation: 15, 30, 45, 90 et 120 min. Le dosage est ensuite effectué selon le même protocole décrit précédemment.

❖ **Affinité enzyme -substrat:** (Affinité des phosphatases acides pour le p-nitrophenyl phosphate (pNPP)): l'activité des phosphatases acides est mesurée en présence de différentes concentrations de pNPP: 0.5, 1.0, 2.0, 2.5, 5.0, 10, 15 et 20 mM. L'activité des phytases est mesurée en présence de différentes concentrations d'acide phytique: 50, 100, 200, 300, 400, 500, 600, 800 et 1000 µM. L'un des principaux facteurs qui contrôlent la vitesse d'une réaction enzymatique est la concentration en substrat du milieu [S]. La variation de la vitesse en fonction de [S] est représentée dans la figure 2.2. L'équation de vitesse de la réaction enzymatique définie par Michaelis-Menten s'écrit :

$$Vi = Vmax * ([S] / (K_M + [S])), \text{ où}$$

Km est la constante de Michaelis et Vmax, la vitesse maximale.

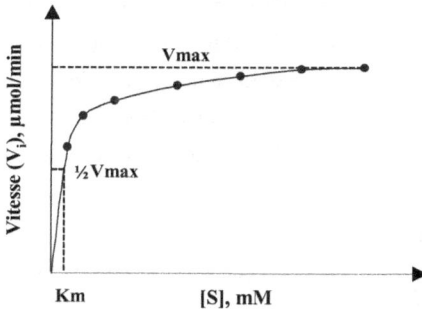

Figure 2.2. Courbe de variation de la vitesse de l'enzyme en fonction de la concentration en substrat.

La représentation graphique de V_i en fonction de [S] donne une valeur approximative de Vmax, car Vi tend vers cette valeur sans jamais l'atteindre. La transformation de l'équation de Michaelis-Menten proposée par Lineweaver et Burk consiste à prendre les inverses de ses 2 membres, l'équation devient celle d'une fonction linéaire de type y = ax + b

$$1/V_0 = ((Km/Vmax*[S]) + 1/ Vmax)$$

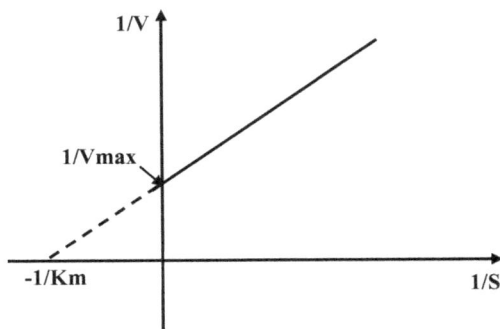

Figure 2.3. Représentation de Lineweaver-Burk

❖ **Effet des composés chimiques sur l'activité in *vitro* des phosphatases:** l'effet de différents composés chimiques sur l'activité des phosphatases acides et des phytases est étudié en incubant l'enzyme pendant 30 min dans du tampon acétate 0.1 M, pH= 5 et du substrat spécifique pour chaque enzyme 30 min à 37°C en présence de composés chimiques comme le Molybdate d'ammonium (10 et 20 µM), le SDS (1 et 2 mM), le $ZnSO_4$, $CuSO_4$, EDTA, $CaCl_2$, $MgCl_2$ à une concentration de 1 et 5 mM, NaCl et KCl à des concentrations 200 et 400 mM.

5.5. Dosages des Protéines solubles

Le dosage des protéines est réalisé selon la méthode de Bradford (1976) utilisant le principe de la liaison du bleu de Coomassie G250 avec les protéines. Ce réactif coloré passe du rouge au bleu lorsqu'il se lie à la protéine et ainsi l'absorbance du complexe est lue. Ce complexe colorant-protéine permet de déterminer la quantité en protéines. A un volume d'extrait protéique connu, 2 ml de bleu de Coomassie sont ajoutés. Après 15 min, l'absorbance du mélange est lue par spectrophotométrie à 595 nm. La concentration protéique des échantillons est déterminée à partir d'une gamme étalon de BSA (Sigma) comprise entre 0 et 25 $\mu g.ml^{-1}$.

5.6. Dosage du phytate dans les graines

Le contenu en phytate est déterminé au niveau des cotylédons des graines germées de laitue. L'extraction des échantillons est réalisée dans du H_2SO_4 3 %, après une centrifugation de 20 min à 13000 rpm, les surnageant sont récupérés. La purification du phytate est réalisée par précipitation du fer trivalent (March et al., 1995). A 1 ml du surnageant, on ajoute 0,4 ml de $FeCl_3,6H_2O$ 0,1 M dans du H_2SO_4 3%, le précipité formé est séparé par centrifugation (20 min à 1300 rpm) et dissout dans de l'eau distillée.

Les échantillons obtenus sont minéralisés à 150°C jusqu'à formation d'un précipité sec (noir). A ce précipité on ajoute de l'acide perchlorique ($HClO_4$) 60 % puis on minéralise à 220 °C jusqu'à l'obtention d'un surnageant clair sur lequel on dose le phosphore inorganique (Pi) par la méthode de Vert de Malachite (Ohno & Zibilske, 1991).

5.7. Electrophorèse sur gel de plyacrylamide en présence de dodécylsulfate de sodium

Les isoformes des phosphatases acides sont séparés par électrophorèse sur gel–SDS (gel de concentration: 3 %, Tris-HCl 0.125 M pH 6.8, 10 % SDS; gel de séparation: 7.5 %, tampon Tris-HCl 0.375 M, pH: 8.8, 10 % SDS) selon Laemmli (1970). La migration est effectuée à 4°C dans du tampon Tris- Glycine (Tris 0.025 M, Glycine 0.192 M, SDS 1 %) en utilisant un courant de 100 mA par gel pendant 5 h. Après migration, SDS est enlevé du gel avec un tampon contenant du Tris HCl, 0.04 M, pH 9, EDTA, 2 mM et de caséine 1 % , pendant 2 h, avec quatre changements du tampon (McGrew et Green, 1990). Ensuite, les gels sont équilibrés avec du tampon acétate 0.1 M, pH 5.4, pendant 30 min à 4 °C. L'activité des phosphatases est révélée par incubation des gels dans du tampon acétate contenant du α-naphtyl phosphate et Fast Blue RR (1 mg ml^{-1}) à 37°C jusqu'à l'apparition des bandes. Pour avoir des bandes visibles, les gels sont lavés avec de l'eau distillée et conservés dans une solution aqueuse d'acide acétique 7 %.

CHAPITRE 1

Etude de la variabilité de la sensibilité au sel de la laitue (*lactuca sativa* L.), aux stades de la germination et de la croissance végétative

Résumé: La variabilité de la sensibilité au sel au stade de la germination et à un stade précoce de la croissance végétative est explorée chez quatre variétés de laitue: Romaine, Augusta, Vista et Laitue vert. Le pourcentage de germination des graines est d'abord suivi quotidiennement sur milieux additionnés ou non de NaCl 50, 100 et 150 mM. Par la suite, l'effet de NaCl 100 mM sur la croissance précoce des plantules est étudié chez les deux variétés ayant montré des comportements différents vis-à-vis du sel, Romaine et Vista. Le taux final de germination est diminué au fur et à mesure de l'augmentation de la concentration de NaCl dans le milieu de culture, et finit par s'annuler à la plus forte dose de 150 mM, chez les variétés les plus sensibles (Vista et Laitue Vert). En revanche, il est à peine modifié aux doses de 50 et 100 mM de NaCl, et réduit de 50 % par rapport au témoin à 150 mM, chez les variétés moins sensibles (Romaine et Augusta). L'effet de NaCl 100 mM sur la croissance des plantules s'est traduit par une diminution de la longueur et des masses de matière fraîche et de matière sèche des radicules et des hypocotyles, chez les deux variétés. En outre, le sel a diminué davantage la longueur et la biomasse fraîche des radicules que celles des hypocotyles.

1. Introduction

La germination est une étape critique dans le cycle de développement de la plante. Elle commence par l'imbibition et se termine par l'émergence de la radicule à travers les enveloppes de la graine (Beweley, 1997). Nombreuses sont les contraintes environnementales qui peuvent compromettre l'aptitude des graines à germer, il s'agit par exemple de la salinité (Kashem et *al.*, 2000), du stress hydrique (Kebreab et Murdoch, 1999) et de la température (Welbaum et *al.*, 1998). La germination constitue la première étape limitante de l'établissement des plantes sous des conditions de salinité (Al-Karaki, 2001). Le premier effet de cette contrainte se manifeste, chez la plupart des végétaux, par un retard de la germination, une diminution de la vitesse et du pourcentage final de germination (Greipsson, 1997). Cet effet dépend de l'espèce, de la sévérité du stress salin et de sa durée (Tobe et *al.*, 2001).

La laitue (*Lactuca sativa* L.) est considérée comme une plante sensible au sel, cependant, une variabilité de la tolérance au sel au stade germination est décrite chez cette espèce (Zapata et *al.*, 2003). En effet, sur les 9 cultivars mis à germer en présence de 150 mM de NaCl, 7 ont présenté un taux de germination de 100 %, les deux autres ont montré une réduction significative de la capacité germinative par rapport au témoin. Toutefois, un retard de la germination suivi plus tard par une réduction de la croissance est enregistré chez les 9 cultivars (Zapata et *al.*, 2003). Des résultats similaires sur la variabilité de la réponse au sel au stade germination sont aussi observés chez l'orge (El Madidi et *al.*, 2004), le blé (Saboora et Kiarostami, 2006) et le pois chiche (Hajlaoui et *al.*, 2007).

L'objectif de ce chapitre est d'évaluer les effets de la salinité (NaCl) sur la germination des graines et l'émergence des plantules de quatre variétés de laitue: Romaine, Augusta, Vista et Laitue vert. A cet effet, la capacité germinative est suivie pendant 4 jours en présence de NaCl 0, 50, 100 et 150 mM. Quant à la croissance précoce, elle est étudiée sur des plantules de 4 jours par des mesures de la longueur et des biomasses fraîche et sèche des radicules et des hypocotyles.

2. Résultats

2.1. Effet de NaCl sur la germination des graines de quatre variétés de laitue

La figure 1.1, décrivant l'évolution des taux de germination des graines de quatre variétés de laitue en absence et en présence de différentes concentrations en NaCl (0, 50, 100 et 150 mM), permet de distinguer trois phases :

(i) La première phase, dite de latence, correspond à la période d'imbibition des graines, c'est à dire à l'hydratation des tissus permettant une reprise de l'activité métabolique. A ce stade, aucune germination n'est visible.

(ii) La deuxième phase ascendante correspond à une augmentation de la vitesse de germination des graines. Cette vitesse est évaluée par la constante de vitesse déduite à partir du modèle empirique décrit ci-dessous.

(iii) La troisième phase, qui correspond à un palier, représente le taux final de germination dans les conditions expérimentales adoptées.

Un modèle empirique est utilisé pour simuler les courbes de germination expérimentales à partir des pourcentages de germination estimés quotidiennement. Ce modèle est basé sur la méthode d'ajustement non linéaire qui admet pour équation: (*cf.* partie 2 § 2).

$$Y = Ym * (1 - Exp(-K(t - t_0)))$$

Dans cette équation, **Y** représente le nombre de graines germées en fonction du temps, **Ym** le taux final de germination ou capacité germinative (%), **K** la constante de vitesse de germination, **t_0** le temps de latence (h), et **t** le temps (h). Nous examinons dans ce qui suit l'effet de NaCl sur ces paramètres, chez les quatre variétés de laitue.

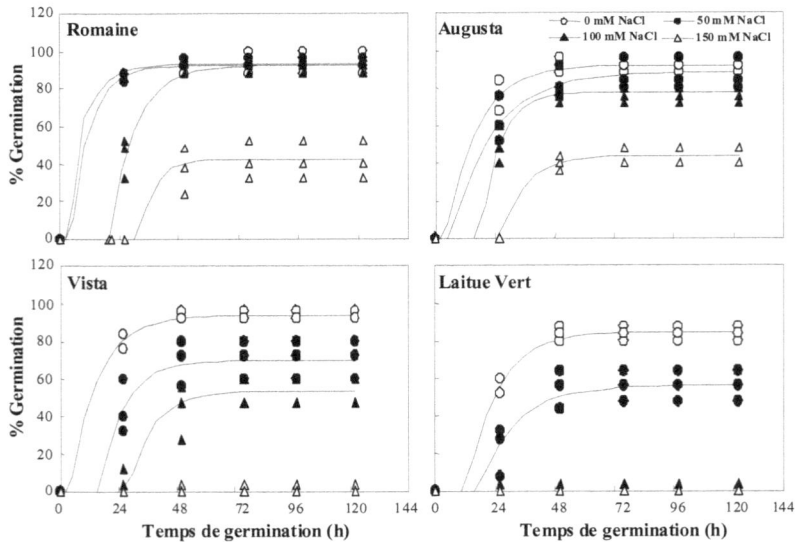

Figure 1.1. Variation du pourcentage de germination des graines des quatre variétés de laitue en fonction du temps et du traitement par NaCl. Les symboles distinguent les traitements : 0 (cercles blancs), 50 (cercles noirs), 100 (triangles noirs) et 150 mM NaCl (triangles blancs). Chaque point représente la valeur du pourcentage de germination obtenue par boite de pétri (avec trois boites de 25 graines par traitement).

2.1.1. Effet de NaCl sur le temps de latence (t_0)

Les valeurs de la latence, déduites à partir des courbes de cinétique de germination, sont représentées pour les quatre variétés sur la figure 1.2. En absence du sel, les variétés Romaine, Augusta et Vista se distinguent par une précocité de la germination, se traduisant par un démarrage rapide (après 4 h d'imbition) des processus qui lui sont associés. Chez la variété Laitue Vert, ce démarrage a lieu plus tard, soit après 12 h d'imbition. L'augmentation de la concentration du sel dans le milieu d'imbition des graines a entraîné un accroissement du temps de latence traduisant un retard du démarrage des processus germinatifs qui est plus marqué chez les deux variétés, Vista et laitue vert, où il s'élève même à 96 h à 150 mM NaCl. L'apport du sel semble ralentir les processus d'hydratation des graines conduisant ainsi à une plus longue période d'hydratation des tissus. Chez les deux variétés Romaine et Augusta, cet effet est moins marqué (respectivement 32 h et 28 h à 150 mM).

30

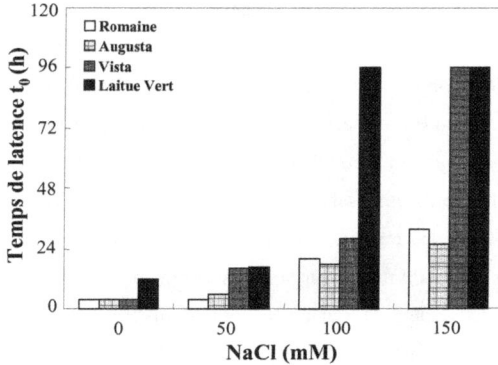

Figure 1.2. Effet du sel sur le temps de latence chez quatre variétés de laitue. Valeurs déduites des courbes de cinétique de germination (Fig. 1.1) obtenues par le modèle empirique décrit ci-dessous.

2.1.2. Effet de NaCl sur la constante de vitesse k

La vitesse de germination, K, déterminée par l'intervalle de temps entre la fin de latence et l'accès au plateau, est augmentée chez la variété Romaine à 150 mM et chez Augusta à 100 mM. Par contre, elle est maintenue à un niveau nettement plus faible et insensible au sel, chez Vista pour les doses 50 et 100 mM, et elle s'est annulée à 150 mM en raison de l'inhibition totale de la germination. C'est la variété Laitue vert qui a montré la plus forte sensibilité au sel de ce paramètre de germination. En effet, la constante de vitesse K, légèrement réduite sur milieu NaCl 50 mM, s'est annulée à 100 et 150 mM.

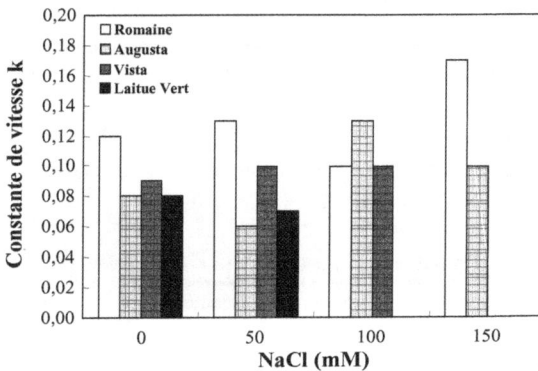

Figure 1.3. Effet du sel sur la constante de vitesse K chez les quatre variétés de laitue. Valeurs déduites des courbes de cinétique de germination (Fig. 1.1).

31

2.1.3. Effet de NaCl sur le pourcentage final de germination

L'effet de différentes doses de NaCl sur la capacité germinative des quatre variétés de laitue est illustré sur la figure 1.4. Les deux variétés, Vista et Laitue vert, montrent une réduction du pourcentage final de germination dès la faible dose de NaCl (50 mM). Cet effet est accentué davantage aux doses supérieures, en effet, une réduction de plus de 50 % et de 98 %, respectivement pour la première et la seconde variété, est observée à 100 mM, et elle est de 100 % pour les deux variétés, à 150 mM, traduisant une inhibition totale de la germination. Par contre, les deux autres variétés montrent une réponse différente marquée par une insensibilité à NaCl de la germination aux doses de 50 et 100 mM, pour la variété Romaine, et par une légère baisse du taux final de germination, respectivement de 5 et 17 %, pour Augusta. Contrairement à celles des deux autres, les graines de ces deux variétés arrivent à germer à 150 mM NaCl, mais avec une réduction de 50 % du pourcentage final de germination.

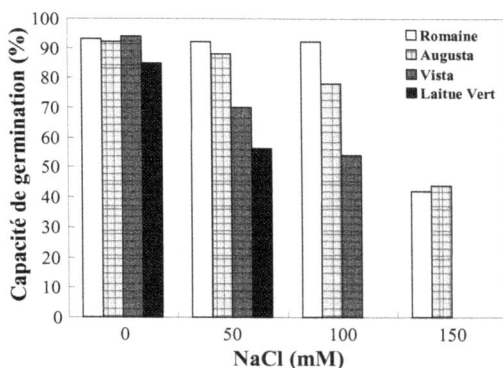

Figure 1.4. Effet du sel sur la capacité germinative des graines des quatre variétés de laitue. Valeurs déduites des courbes de cinétique de germination (Fig. 1.1).

Une échelle de sensibilité à NaCl est ainsi établie et elle révèle qu'au cours de la germination, les variétés Romaine et Augusta sont relativement moins sensibles au sel (NaCl) que Vista et Laitue vert.

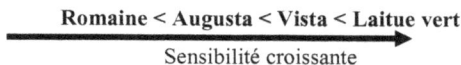

Romaine < Augusta < Vista < Laitue vert
Sensibilité croissante

Par ailleurs, les différences de sensibilité de la germination n'étant clairement manifestées entre les quatre variétés de laitue qu'à 100 mM NaCl, nous avons choisi d'étudier l'effet de cette dose sur la croissance des plantules, chez la variété Romaine, la moins sensible au sel, et la variété Vista, l'une des plus sensibles. Nous rappelons qu'à cette dose, la capacité germinative s'est révélée insensible au sel chez la première variété, et réduite environ de moitié chez la seconde.

2.2. Effet du sel sur la croissance des plantules

La croissance des radicules et des hypocotyles est suivie pendant 96 h, après la mise en germination des graines, sur deux milieux témoin (eau distillée) et salé (NaCl, 100 mM), par des mesures quotidiennes (à intervalle de 24 h) de leur longueur (Photo 1.1, Fig. 1.5) et de leur biomasse fraîche (Fig. 1.6). Les courbes de croissance ainsi obtenues montrent une évolution croissante en fonction du temps de ces deux paramètres, sur les deux milieux de germination, se traduisant par une augmentation de la longueur et du poids frais des deux types d'organes. Toutefois, aussi bien l'accroissement de la longueur que celui de la biomasse se sont accomplis à des vitesses nettement plus rapides en absence qu'en présence de NaCl 100 mM.

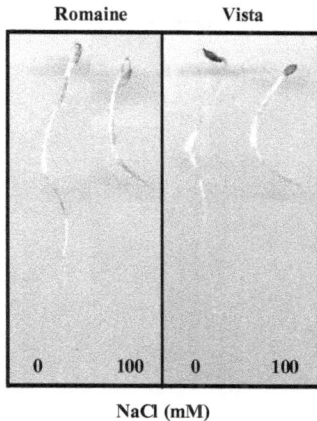

Photo 1.1. Effet de NaCl 100 mM sur la croissance précoce des plantules de deux variétés de laitue (Romaine et Vista). Plantules âgées de quatre jours.

En d'autres termes, le sel a significativement limité l'accumulation de biomasse fraîche dans les radicules et les hypocotyles, et de ce fait leur longueur, et d'une manière presque similaire chez les deux variétés de laitue. Si bien qu'au terme de 4 jours de germination sur milieu à 100 mM NaCl (Tab. 1.1), la biomasse fraîche des radicules est réduite d'environ 40 % par rapport au témoin, chez les deux variétés, et celle des hypocotyles de 40 % chez Vista, et seulement de 20 % chez la laitue Romaine. Quant à l'effet dépressif du sel sur la longueur, il est nettement plus accentué dans les radicules (75 % du témoin) que dans les hypocotyles (24 %).

33

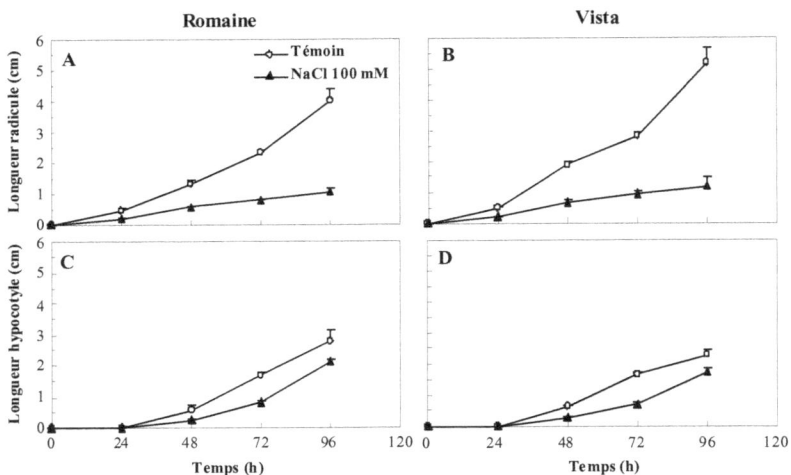

Figure 1.5. Effet du sel sur la longueur des radicules (A, B) et des hypocotyles (C, D) des graines des deux variétés de laitue (Romaine et Vista) au cours de la germination. Valeurs moyennes de six mesures individuelles et intervalles de sécurité au seuil de 5 %.

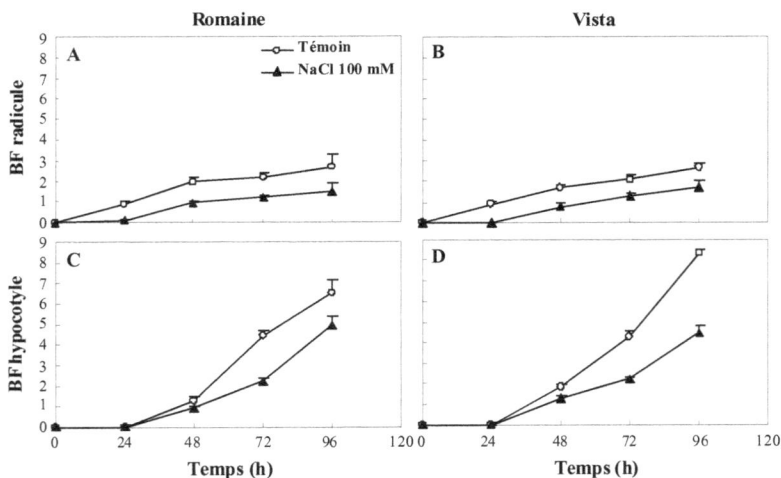

Figure 1.6. Effet du sel sur la biomasse fraîche (BF) des radicules (A, B) et des hypocotyles (C, D) des graines des deux variétés de laitue (Romaine et Vista) au cours de la germination. Valeurs moyennes de six mesures individuelles et intervalles de sécurité au seuil de 5 %.

Tableau 1.1. Biomasses (fraîches et sèches) et longueur des radicules et des hypocotyles des plantules de des deux variétés de laitue, Romaine et Vista, après 4 jours de mise en germination à 25°C en absence (témoin) et en présence de NaCl 100 mM. Valeurs moyennes de six mesures individuelles et intervalles de sécurité au seuil de 5 %. Les lettres accolées aux différentes mesures correspondent aux résultats de l'analyse statistique. Les mesures sont statistiquement différentes lorsqu'elles sont affectées de lettres différentes. (Les valeurs entre parenthèse représentent la réduction par le sel en % du témoin)

	Radicule			Hypocotyle		
	Biomasse fraîche (mg)	Biomasse sèche (mg)	Longueur (cm)	Biomasse fraîche (mg)	Biomasse sèche (mg)	Longueur (cm)
Romaine						
Témoin	2.70 ± 0.64^a	0.25 ± 0.06^c	4.03 ± 0.37^e	6.52 ± 1.84^a	0.32 ± 0.12^{ac}	2.77 ± 0.28^a
NaCl, 100 mM	1.52 ± 0.42^b	0.15 ± 0.06^d	1.05 ± 0.11^f	4.93 ± 1.22^b	0.25 ± 0.09^{bc}	2.11 ± 0.18^b
	(44 %)	(40 %)	(74 %)	(24 %)	(22 %)	(24 %)
Vista						
Témoin	2.68 ± 0.27^a	0.23 ± 0.05^c	5.18 ± 0.49^g	8.33 ± 0.37^c	0.37 ± 0.05^a	2.26 ± 0.17^b
NaCl, 100 mM	1.67 ± 0.37^b	0.12 ± 0.04^d	1.18 ± 0.28^f	4.47 ± 0.22^b	0.22 ± 0.04^b	1.71 ± 0.13^d
	(38 %)	(48 %)	(77 %)	(46 %)	(41 %)	(24 %)

3. Discussion

Le sel peut affecter la germination par ses effets osmotiques (Welbaum et *al.*, 1998) et/ou par la toxicité de ses ions spécifiques (Huang et Redmann, 1995). Les études physiologiques faites pour discriminer entre ces deux effets sont limitées (Bliss et *al.*, 1986). Toutefois, certaines études suggèrent que l'abaissement du potentiel osmotique du milieu de germination en est le facteur limitant majeur (Bradford, 1995). Dans le contexte de cette discussion, le terme tolérance au sel est utilisé pour désigner les variétés dont les graines ont maintenu une aptitude relativement élevée à germer sur sel dans les conditions de nos expériences.

Nos résultats indiquent une différence de sensibilité vis-à-vis des différentes doses de NaCl entre les quatre variétés de laitue. Une sensibilité au sel plus marquée est notée chez les variétés, Vista et Laitue vert. Elle s'est traduite d'abord par une augmentation de la latence, signifiant un retard de la germination dû à la présence de NaCl dans le milieu d'imbibition. Ce retard peut être expliqué par la difficulté qu'ont trouvé les graines pour s'hydrater dans un milieu à potentiel osmotique très bas (Bliss et *al.*, 1986). Cet effet est associé à une plus ou moins forte baisse du taux final de germination selon la concentration de NaCl, et qui a atteint un niveau maximum de 100 % à 150 mM indiquant une inhibition totale de la germination.

Par contre, les deux autres variétés, Romaine et Augusta, se sont montrées insensibles à NaCl, aux doses de 50 et 100 mM, le pourcentage final de germination de leurs graines étant resté comparable à celui des graines témoins. En outre, ces graines ont maintenu une capacité germinative à la plus forte dose (150 mM) et qui est restée proche de 50 % de celle des graines témoins. La reprise de la germination des graines traitées par NaCl, après rinçage et imbibition avec de l'eau distillée, laisse supposer que l'effet du sel sur ce paramètre est principalement dû à sa composante osmotique. Bajji et *al.* (2002) ont montré que les effets de la salinité sur la germination des graines d'*Atriplex* sont principalement dus à la composante osmotique de ce stress et que l'inhibition de la germination est réversible.

La sensibilité à la salinité de différentes espèces ou variétés peut changer durant l'ontogenèse. Elle peut diminuer ou augmenter selon les espèces ou les variétés des plantes ou selon les facteurs environnementaux (Marschner, 1995). La laitue est considérée comme une espèce sensible à la salinité (Mass et Hoffman, 1977). Cependant, nos résultats indiquent une tolérance au sel relativement élevée, au stade germinatif, chez certaines variétés de cette espèce (Romaine et Augusta), mais seulement aux doses ne dépassant pas 100 mM NaCl. Aux doses supérieures, une réduction de 50 % de la capacité germinative de leurs graines est enregistrée. Les niveaux élevés de NaCl diminuent le pourcentage final de germination chez d'autres espèces qui sont réputées plus tolérantes à la salinité comme le blé (Almansouri et *al.,* 2001), le piment (Chartzoulakis et Klapaki, 2000), la tomate (Cuartero et Fernandez-Munoz, 1999) et la betterave à sucre (Ghoulam et Fares, 2001). Askri et *al.* (2007) ont aussi rapporté dans leurs travaux que la présence de NaCl dans le milieu d'imbibition ralentit la vitesse de germination des trois variétés de pastèque et diminue leur capacité germinative.

En accord avec les résultats rapportés par Jeannette et *al.* (2002) sur différentes variétés de haricot, nos résultats ont montré une variabilité génétique de la réponse au sel au cours de la germination. Toutefois, les différences de sensibilité observées à ce stade se sont fortement atténuées à un stade précoce de la croissance végétative. Selon Jamil et Rha (2004), le développement de la radicule constitue une clé importante de la réponse au sel des plantes. En effet, la radicule, organe d'absorption en contact direct avec le sol, permet l'approvisionnement du reste de la plantule en eau et en nutriments. La croissance de cet organe est réduite par NaCl 100 mM, mais de façon similaire chez les deux variétés de laitue (Tableau 2). Il en est de même de la croissance en longueur de l'hypocotyle qui s'est révélée, toutefois, beaucoup moins sensible à NaCl. Chez la betterave à sucre et le choux, la croissance de la radicule est plus inhibée par le sel que celle de l'hypocotyle (Jamil et *al.*, 2006). Le seul effet du sel discriminant les deux variétés est celui exercé sur la biomasse de ce dernier organe, celle-ci étant plus sensible au sel chez Vista que chez Romaine. L'inhibition du développement par le sel serait due non seulement à un déséquilibre

36

dans l'approvisionnement des plantules en nutriments, mais également à une limitation de leur alimentation en eau (Werner et Finkelstein, 1995). En outre, certaines recherches ont affirmé que la réduction de la biomasse fraîche des plantes est liée à l'accroissement proportionnel de la concentration de Na^+ dans leurs tissus. Cependant, d'autres travaux ont montré que la biomasse sèche n'est pas trop affectée par le sel, comparée à la biomasse fraîche, ce qui indiquerait que la réduction de la croissance est due à ses effets osmotiques (Jamil et *al.*, 2006).

En conclusion, et tenant compte de ces résultats, il apparaît qu'au stade germinatif, c'est la variété Romaine qui est la plus tolérante à NaCl et Vista l'une des plus sensibles. Cependant, à un stade précoce de la croissance végétative, le sel a induit une diminution similaire de la croissance chez les deux variétés de laitue avec un effet plus accentué sur la croissance des radicules plus que celle des hypocotyles.

Le meilleur comportement de Romaine au stade de la germination serait associé au maintien d'une activité enzymatique adéquate fournissant ainsi une quantité d'énergie suffisante à la graine pour faire face aux conditions contraignantes imposées par la salinité. L'étude de la réponse au sel de la germination en relation avec les activités enzymatiques (les phosphatases acides et les phytases) et le contenu en protéine, en phytate et en phosphore inorganique, chez la variété tolérante Romaine et la variété sensible Vista, fera l'objet du chapitre suivant.

CHAPITRE 2
Etude des réponses au sel des phosphatases acides et des phytases
au cours de la germination des graines de laitue

Résumé: L'effet de NaCl 100 mM sur l'activité des phosphatases acides et des phytases et sur le contenu en phytate et en phosphore inorganique (remobilisé, accumulé et utilisé) est étudié au cours de la germination des graines des deux variétés de laitue, Romaine et Vista, qui ont montré à ce stade une différence de sensibilité au sel (chap. 1). Les activités des phosphatases acides et des phytases mesurées dans les radicules sont augmentées en présence de NaCl 100 mM chez la variété tolérante, Romaine, et elles sont diminuées chez la variété sensible, Vista. Au niveau des hypocotyles, elles sont restées comparables au témoin. Au niveau des cotylédons, l'activité des phosphatases acides est diminuée par le sel chez les deux variétés. Quant aux phytases, deux comportements différents sont observés sur sel, une baisse pendant les premières 48 h, chez les deux variétés, suivie d'un retour à des niveaux comparables à ceux des témoins durant les dernières heures (72-96 h), mais seulement chez la variété Romaine. L'augmentation de cette activité enzymatique est concomitante à une élévation de la teneur en orthophosphate et d'une diminution des réserves en phytate. Nos résultats suggèrent que la présence de NaCl 100 mM retarde la remobilisation du Pi à partir des réserves du phytate, mais stimule l'utilisation du phosphore plus que son accumulation au niveau des organes chez les deux variétés de laitue.

1. Introduction

Une stimulation de l'activité des phosphatases acides et des phytases au cours de la germination des graines est réputée être une condition favorable à la mobilisation du phosphate inorganique à partir des composés qui en sont très riches (Saluja et *al.*, 1989). La salinité peut inhiber la germination des graines en affectant l'activité de certaines enzymes hydrolytiques. Parmi ces enzymes figurent les phosphatases acides, représentées par un groupe d'enzymes qui catalysent l'hydrolyse des liaisons esters phosphoriques (Vincent et *al.,* 1992), et les phytases qui forment un groupe spécial de phosphatases capables d'hydrolyser le phytate (hexa phosphate d'inositol) en phosphate et en une série de composés intermédiaires de phosphate d'inositol. Le phytate est considéré comme une forme primaire de réserve de phosphore et d'inositol dans toutes les graines (Ravindram et *al.*, 1994). Plusieurs auteurs ont étudié l'activité des phytases dans les graines en germination, et une augmentation significative de leur activité, associée à une diminution de la teneur en phytate et une élévation de la teneur en phosphore soluble, est observée, par exemple, dans les graines du maïs, du blé et du riz (Bartnik et *al.*, 1987; Laboure et *al.*, 1993; Greiner et *al.*,

1998, 2000). Toutefois, rares sont les travaux qui ont étudié l'impact du stress salin sur l'activité de ces enzymes et sur l'hydrolyse des réserves du phytate.

Le présent chapitre a pour objectif d'étudier la sensibilité à NaCl de la germination en rapport avec les variations des activités des phosphatases acides et des phytases. Il comporte une première partie consacrée à l'étude des propriétés biochimiques des phosphatases acides et des phytases, et une seconde, décrivant les effets de la salinité sur les activités de ces enzymes dans les graines de deux variétés de laitue (Romaine et Vista) au cours de la germination.

2. Résultats

2.1. Propriétés cinétiques des phosphatases acides et des phytases des graines de laitue

pH optimum. L'évolution de l'activité des phosphatases acides et des phytases en fonction du pH montre que cette activité enzymatique augmente avec le pH jusqu'à atteindre un maximum à 5,6 (Fig. 2.1). Au-delà de cette valeur, elle diminue considérablement. Nous pouvons donc conclure que dans nos conditions expérimentales, l'activité de ces enzymes dans les graines de laitue est optimale à un pH voisin de 5. C'est pour cette raison que nous avons choisi de travailler à pH 5 pour les phosphatases acides et pH 5.4 pour les phytases dans les essais ultérieurs.

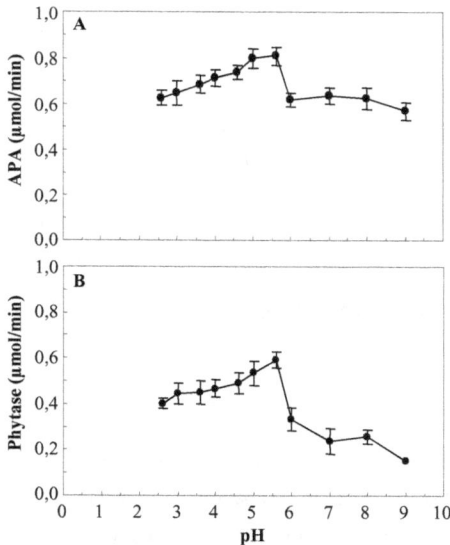

Figure 2.1. Variations de l'activité des phosphatases acides (A) et des phytases (B) des graines de laitue en fonction du pH du milieu d'incubation. Moyennes de 6 répétitions et intervalles de sécurité au seuil de 5 %.

Température optimale. La haute stabilité des phosphatases acides et des phytases est testée par incubation de ces enzymes pendant 30 min à différentes températures, variant de 30 à 80 °C. Les résultats, représentés sur la figure 2.2 (A), montrent que l'activité des phosphatases acides augmente avec la température, le maximum d'activité est atteint à 60°C. Cependant, une diminution d'activité est constatée à 70 et 80°C qui est due à l'action dénaturante de la température sur l'enzyme. Quant à l'activité des phytases, elle augmente avec la température jusqu'à atteindre un optimum entre 35 et 40 °C, puis elle accuse une baisse d'environ 30 %, à 50 °C, et 89 %, à 80 °C (Fig. 2.2 B). La température de 37 °C, considérée comme optimale, est retenue pour le reste des essais.

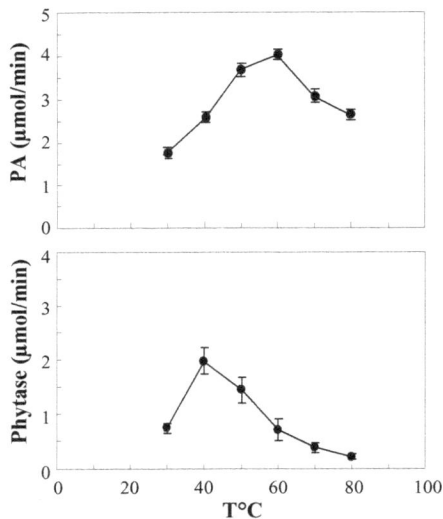

Figure 2.2. Variations de l'activité des phosphatases acides (A) et des phytases (B) des graines de laitue en fonction de la température du milieu d'incubation. Moyennes de 6 répétitions et intervalles de sécurité au seuil de 5 %.

Durée d'incubation. Une augmentation de l'activité des phosphatases acides et des phytases est constatée avec l'augmentation du temps d'incubation de l'enzyme dans le milieu réactionnel (Fig. 2.3, A et B). Ces activités semblent se stabiliser au-delà de 60 min.

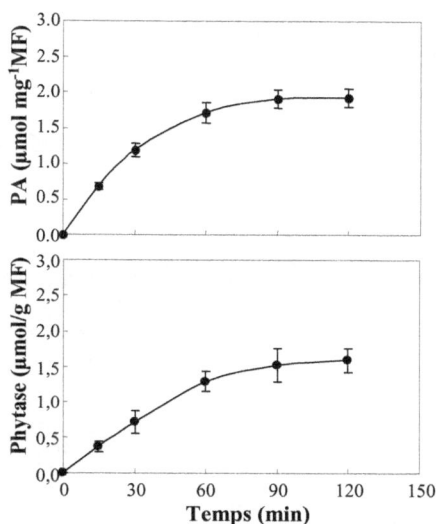

Figure 2.3. Variations de l'activité des phosphatases acides (A) et des phytases (B) des graines de laitue en fonction du temps d'incubation. Moyennes de 6 répétitions et intervalles de sécurité au seuil de 5 %.

Affinité enzyme substrat. Les valeurs du Km et de Vmax sont déterminées à partir de la représentation en double inverse de Lineweaver-Burk (Fig. 2.4 ; Tab. 2.1) pour pNPP (Fig. 2.4. A) qui est le substrat des phosphatases acides et pour l'acide phytique qui est celui des phytases (Fig. 2.4. B).

Tableau 2.1. Valeurs de Km et de Vmax pour les deux substrats pNPP et l'acide phytique.

	Km (mM)	Vmax (µmol/min)
pNPP	0.83	2
Ac. Phytique	0.027	0.77

41

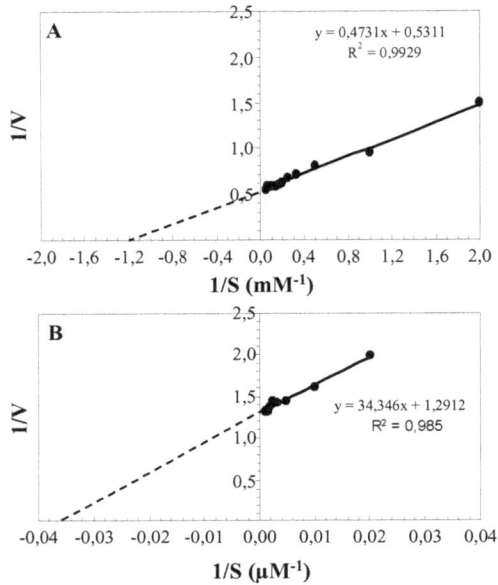

Figure 2.4. Représentation en double inverse de Lineweaver-Burk. (A) Substrat S: pNPP; (B): Substrat S: acide phytique.

Effet des composés chimiques sur l'activité des deux enzymes. L'influence de plusieurs composés chimiques sur l'activité des phosphatases acides et des phytases des graines de laitue après 24 h de germination est résumée dans le tableau 2.2. Les résultats montrent que le molybdate a le plus grand effet inhibiteur sur l'activité des phosphatases acides et des phytases, soit une réduction de 50 % à 10 µM de molybdate et qui s'accentue davantage avec l'augmentation de la dose de ce composé (soit une réduction de 75 % à 20 µM). Le sodium dédocyle sulfate (SDS) réduit aussi de façon marquée l'activité de ces deux enzymes. Les ions Zn^{2+} et Cu^{2+} inhibent également l'activité de ces enzymes avec effet plus marqué sur celle des phosphatases que sur celle des phytases. Par contre, l'activité de ces enzymes est stimulée en présence de Mg^{2+}, Ca^{2+}, EDTA, NaCl et KCl dans le milieu réactionnel.

Tableau 2.2. Effet des composés chimiques sur l'activité des phosphatases acides (PA) et des phytases des graines germées de laitue (âgées de 24h). Moyennes de six répétitions exprimées en % du témoin.

Composés		Activité PA (% du Témoin)	Activité Phytase (% du Témoin)
Témoin		100.0	100.0
Molybdate	10 µM	46.0	53.5
	20 µM	22.0	25.2
SDS	1 mM	44.9	58.0
	2 mM	32.8	35.7
Cu^{2+}	1 mM	60.8	83.4
	5 mM	49,5	63.1
Zn^{2+}	1 mM	57.5	76.4
	5 mM	42.6	54.5
EDTA	1 mM	112.1	108.9
	5 mM	105.4	135.7
Mg^{2+}	1 mM	102.7	134.4
	5 mM	114.2	147.5
Ca^{2+}	1 mM	106.7	133.4
	5 mM	94.0	144.6
NaCl	200 mM	116.0	137.9
	400 mM	124.0	117.2
KCl	200 mM	112.0	143.9
	400 mM	136.2	119.7

2.2. Effet du sel sur l'activité des phosphatases acides

Nous rappelons ici que le résultat de l'activité des phosphatases acides est la production du phosphate inorganique nécessaire à la croissance de l'embryon. En effet, les esters phosphates et substrats mis en réserve dans les graines sont utilisés comme source d'énergie et de phosphate nécessaire à la mise en place de nouvelles structures cellulaires durant la germination (les nouveaux ADN et ARN nécessitent du phosphate dans leurs structures).

Nous avons utilisé le p-nitrophenyl phosphate (pNPP) comme substrat synthétique pour doser l'activité des phosphatases acides du matériel végétal étudié, le produit de la réaction est le p-nitrophénol (*cf* chap 2). Pour quantifier la quantité de p-nitrophénol formé durant la réaction catalytique des phosphatases acides, nous avons réalisé d'abord une courbe d'étalonnage en utilisant des quantités connues de p-nitrophénol. Cette courbe étant linéaire (Fig. 2.5), son équation est utilisée pour convertir les valeurs de l'absorbance à 400 nm en quantités de p-nitrophénol (mmol ou µmol). L'activité des phosphatases acides est ensuite estimée: une unité enzymatique est définie comme étant la quantité capable de libérer 1 µmol de p-nitrophénol par min.

Les activités des phosphatases acides sont déterminées dans les radicules, les hypocotyles et les cotylédons au cours de temps en absence et en présence de NaCl chez les deux variétés de laitue, Romaine et Vista, qui ont montré une différence de sensibilité au sel présent dans le milieu d'imbibition.

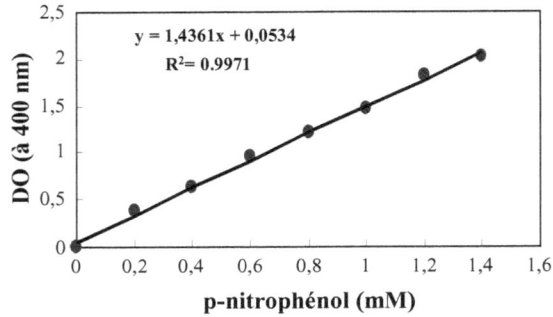

Figure 2.5. Courbe d'étalonnage: variation de l'absorbance à 400 nm en fonction de la concentration de p-nitrophénol.

Dans les radicules, les hypocotyles et les cotylédons, l'activité des phosphatases acides (APA) augmente en fonction du temps de germination (Fig. 2.6). Indépendamment du traitement, les valeurs les plus élevées sont enregistrées dans les cotylédons. Dans ces organes, l'activité de ces enzymes augmente jusqu'à atteindre, après 96 h de germination, des niveaux 2 et 4 fois plus élevés que ceux des graines sèches, respectivement chez *Romaine* et *Vista*.

En présence de NaCl 100 mM, l'activité des phosphatases acides de la variété *Romaine* est restée comparable à celles des témoins, au niveau des radicules et des hypocotyles, et elle est, par contre, significativement diminuée au niveau des cotylédons à partir de 24 h d'imbibition (Fig. 2.6). En outre, chez la variété *Vista*, la présence de NaCl 100 mM dans le milieu d'imbibition des graines, qui induit un retard de 24 h dans l'apparition des radicules, entraîne une diminution de l'activité de ces enzymes, au niveau des radicules et des cotylédons, et reste sans effet sur l'activité enzymatique dans les hypocotyles.

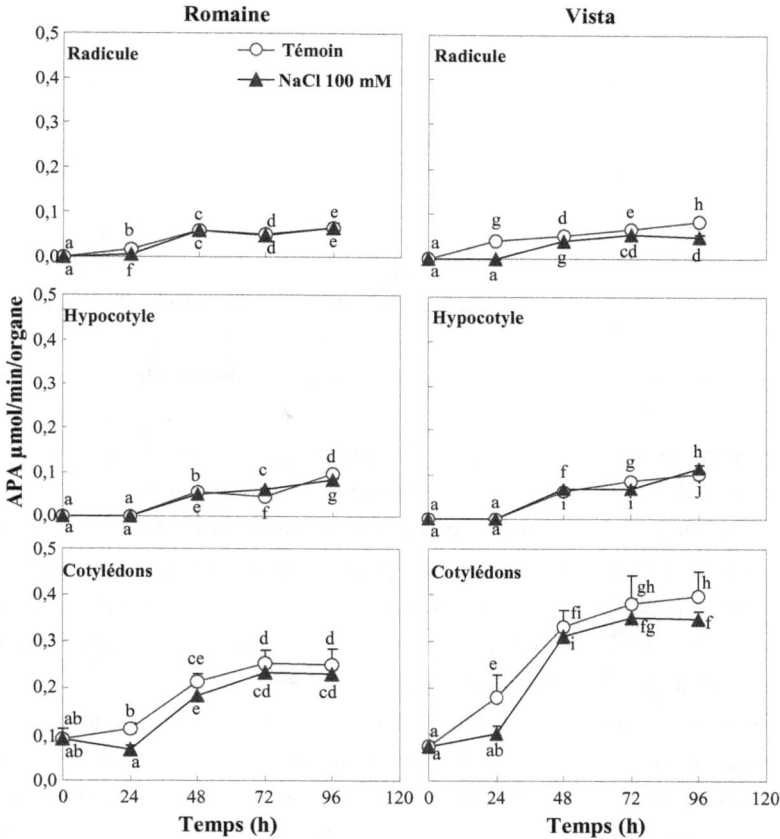

Figure 2.6. Evolution de l'activité des phosphatases acides au niveau des radicules, des hypocotyles et des cotylédons des deux variétés de laitue, *Romaine* et *Vista*, en fonction du temps après imbibition avec H_2O (Témoin) et NaCl 100 mM. Moyennes de 6 répétitions et intervalles de sécurité au seuil de 5 %. Les lettres accolées aux différentes mesures correspondent aux résultats de l'analyse statistique. Les mesures sont statistiquement différentes lorsqu'elles sont affectées de lettres différentes. Les valeurs au temps 0 sont celles estimées dans les graines sèches.

2.3. Effet de NaCl sur l'activité des phytases

L'activité des phytases est déterminée en mesurant le phosphore inorganique libéré à partir du phytate de sodium. Une unité enzymatique est définie comme étant la quantité capable de libérer une µmole de phosphore par minute sous les conditions expérimentales adoptées (Sung et *al*., 2005). Pour déterminer les quantités de Pi libérés, nous avons référé à une courbe d'étalonnage de Pi établie à partir d'une solution de KH_2PO_4 (Fig. 2.7).

45

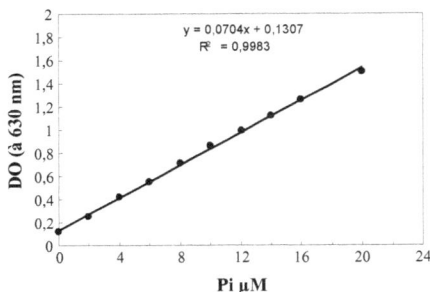

Figure 2.7. Courbe d'étalonnage: variation de l'absorbance à 630 nm en fonction de la concentration de phosphore (Pi).

L'activité des phytases est dosée dans les trois parties de la graine germée de laitue : la radicule, l'hypocotyle et les cotylédons en utilisant le phytate de sodium comme substrat synthétique. Pour distinguer entre les enzymes capables de dégrader le phytate (les phytases) et les autres phosphatases acides, le phytate et le p-nitrophenyl phosphate sont utilisés comme substrat dans l'essai de l'activité enzymatique. Avec le phytate comme substrat, seules les activités des enzymes capables de le dégrader sont mesurées, les autres phosphatases acides étant incapables d'exercer cet effet (Greiner et *al.*, 2000). Les graines sèches de laitue ont une activité phytase faible, mais une augmentation de cette activité est observée durant la germination. Cette activité augmente durant les premières heures de germination puis diminue après (Fig. 2.8).

Au niveau des radicules, l'effet de NaCl 100 mM se traduit par une augmentation de l'activité des phytases, chez la variété Romaine, et par une diminution de cette activité, chez la variété Vista. Au niveau des hypocotyles, cette activité n'est pas affectée par NaCl 100 mM chez les deux variétés de laitue. Cependant, au niveau des cotylédons, deux effets différents sont observés selon le temps de germination, pendant les premières 48 h, le sel diminue l'activité des phytases par rapport au témoin chez les deux variétés, par contre durant les dernières heures de germination (72-96 h), cette activité atteint des valeurs comparables à celles du témoin, chez la variété Romaine (Fig. 2.8).

2.4. Effet de NaCl sur le contenu en phytate

Les teneurs en phytate sont mesurées seulement au niveau des cotylédons car ils représentent les organes qui en sont les plus riches. Le contenu en P du phytate initial s'élève à 0,2 µmol.graine^{-1} chez la variété Romaine, et à 0,5 µmol.graine^{-1} chez la variété Vista (Fig. 2.9). Après 24 h d'imbibition, qui coïncide avec l'apparition de la radicule, le contenu en phytate dans les cotylédons des graines germées est diminué de 85 à 90% chez Romaine et de 75 à 80% chez Vista. Plus tard, le phytate cotylédonaire continue à diminuer lentement et finit par disparaître. Parallèlement, le

46

contenu en Pi des plantules (y compris la radicule, l'hypocotyle et les cotylédons) est augmenté, au cours du temps.

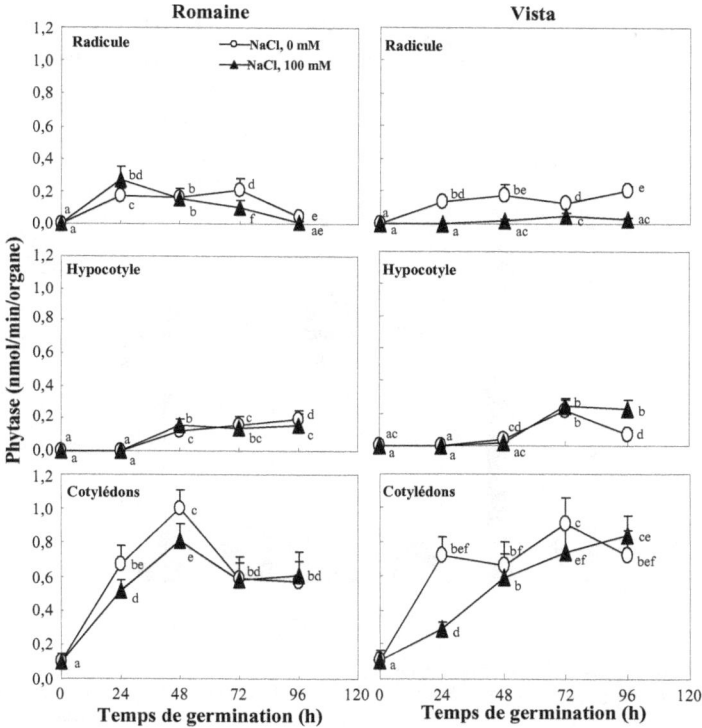

Figure 2.8. Evolution de l'activité des phytases au niveau des radicules, des hypocotyles et des cotylédons des graines de deux variétés de laitue, Romaine et Vista, en fonction du temps de germination et de la salinité du milieu d'imbibition : eau distillée (Témoin) ou solution salée (NaCl, 100 mM). Moyennes de six mesures individuelles et intervalles de sécurité au seuil de 5 %. Les lettres accolées aux différentes mesures correspondent aux résultats de l'analyse statistique. Les mesures sont statistiquement différentes lorsqu'elles sont affectées de lettres différentes. Les valeurs au temps 0 sont celles estimées dans les graines sèches.

En supposant que le Pi du phytate qui avait disparu à partir des cotylédons a été remobilisé et ensuite accumulé ou assimilé dans les différents organes, le phosphore assimilé a été estimé comme la différence entre le Pi du phytate initial et le Pi accumulé. En absence de sel, la dernière fraction, progressivement mise en place pendant 4 jours, représente plus des deux tiers du P remobilisé à partir du phytate chez Romaine, et seulement 30% chez Vista. La même tendance a été observée en présence de sel, mais le contenu est resté inférieur à celui du Pi du témoin. Par conséquent, le Pi accumulé représente la plus faible proportion de P remobilisé en condition de salinité. L'évolution du Pi assimilé diffère entre les deux variétés. Cette fraction diminue rapidement avec le temps chez Romaine, plus rapidement en absence de sel. Chez Vista, la diminution de P assimilé en absence de sel a été plus lente que chez Romaine, et n'est pas diminuée de façon marquée en sa présence. A partir de ces résultats, on peut dire que le sel retarde la remobilisation du Pi à partir des réserves du phytate, mais il stimule l'assimilation du phosphore plus que son accumulation au niveau des organes.

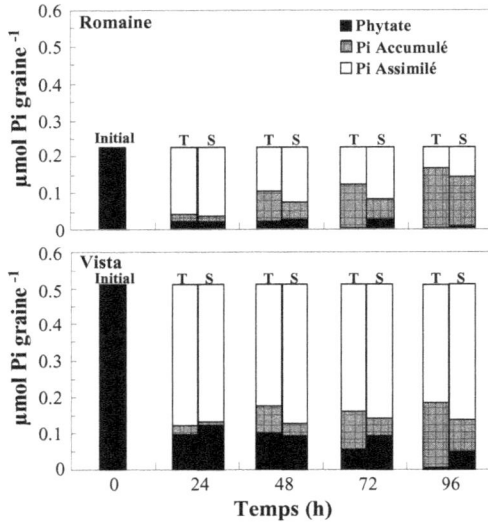

Figure 2.9. Métabolisme du phosphore dans les graines des deux variétés de laitue : (Romaine et Vista) au cours de la germination. *Phytate*: μmol de Pi du phytate extrait à partir des cotylédons durant la germination. *Pi Accumulé*: Pi accumulé dans chaque plantule de laitue en fonction du temps. *Pi Assimilé*: estimé par la différence entre le Pi remobilisé à partir des réserves du phytate et le Pi accumulé durant la germination. (*T*: 0 mM NaCl, *S*: 100 mM NaCl). Les valeurs représentent les moyennes de six mesures individuelles.

2.5. Effet de la salinité sur le profil enzymatique des phosphatases acides

La figure 2.10 montre le profil enzymatique des phosphatases acides au niveau des radicules, des hypocotyles et des cotylédons des deux variétés de laitue: Romaine et Vista après 48 h de germination.

* Au niveau des radicules, une seule bande correspondant à un seul isoforme est observée, la variété Romaine, et dont l'intensité augmente sous l'effet de NaCl, ce qui reflète une stimulation de l'activité des phosphatases acides. Chez la variété Vista, une bande similaire est notée en absence comme en présence de sel, mais qui est moins intense, traduisant une plus faible activité de ces enzymes.

* Au niveau des hypocotyles, une réduction de l'intensité de cette bande par rapport au témoin est notée chez la variété Vista, alors qu'elle est restée insensible au sel, chez la variété Romaine.

48

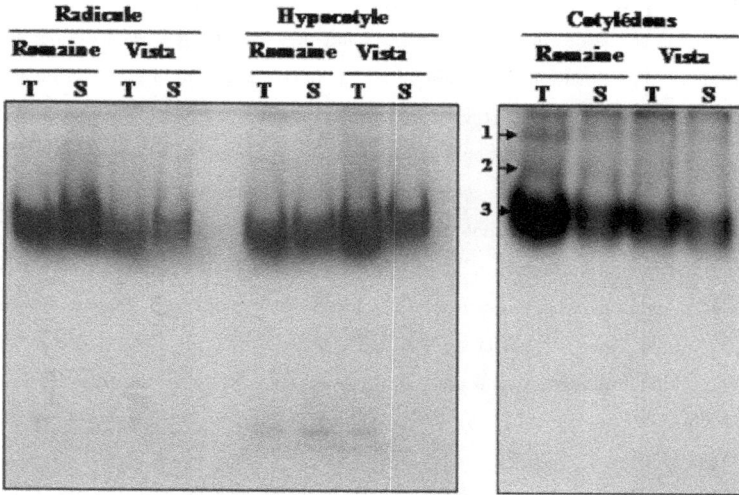

Figure 2.10. Profil enzymatique des phosphatases acides au niveau des radicules, des hypocotyles et des cotylédons des plantules des deux variétés de laitue (âgée de 48 h) en absence (T: Témoin) et en présence de NaCl, 100 mM (S: sel).

* Au niveau des cotylédons, les résultats révèlent la présence du même isoforme que celui décrit dans les autres parties de la plantule, indiquant : (1) une plus forte activité des phosphatases acides chez la variété Romaine, en absence de sel, et qui diminue fortement en sa présence, et (2) une moindre activité enzymatique chez Vista et qui demeure insensible au sel. Outre cet isoforme, deux autres de moindre importance sont observés seulement chez la variété Romaine en absence de sel, et qui disparaissent en sa présence.

3. Discussion

La germination débute par une mobilisation des réserves à partir de l'endosperme (organes de stockage de la graine), où elles sont emmagasinées sous forme de carbohydrates, de protéines, de lipides, de phosphate et d'acides aminés. Cette mobilisation se fait sous l'action d'enzymes hydrolytiques qui catalysent la dépolymérisation des macromolécules de réserve dans les cellules de l'endosperme (Fincher, 1989), fournissant ainsi l'énergie nécessaire à la croissance jusqu'à ce que la plantule devienne autotrophe (Pritchard et *al.*, 2002). La germination des graines est un stade important dans le cycle de développement des plantes, et qui est caractérisé par une induction importante de plusieurs enzymes telles que les phosphatases acides et les phytases (Duff et *al.*, 1994).

Les phytates contenus dans les graines constituent une source de phosphore inorganique durant les stades précoces de la germination, lorsque l'approvisionnement en phosphate est limitant ou qu'il n'y ait pas d'autres sources de phosphate pour la graine. Le phosphate est libéré des phytates sous l'action enzymatique des phytases qui sont abondantes dans les graines sèches et augmentent rapidement durant la germination. Le besoin initial en phosphate durant la germination est supporté par le turnover rapide des phosphates présents et par l'action de nombreuses phosphatases (Meyer et *al.*, 1971). Les phosphatases acides et les phytases sont des enzymes importantes dans la production et le recyclage du phosphore qui est nécessaire pour un grand nombre de réactions métaboliques et représente un constituant structural important de plusieurs biomolécules, tels que les phospholipides et les acides nucléiques (Lefebvre et *al.*, 1990). L'étude des paramètres cinétiques d'activité de ces enzymes est très importante, car elle permet d'élucider leur rôle cellulaire. Plusieurs études se sont intéressées aux phosphatases de différents tissus végétaux (Duff et *al.,* 1994), afin de déterminer leurs propriétés biochimiques (affinité pour le substrat), les conditions optimales de leur activité (pH, température, temps d'incubation), et la nature de leur réponse à certaines contraintes environnementales.

Nos résultats montrent qu'en utilisant le p-nitrophenyl phosphate (pNPP) comme substrat, les phosphatases acides des graines de laitue ont une activité optimale à un pH de 5.6; et à une température de 37 °C pour une durée d'incubation de 30 min. Comme celles de la laitue, les phosphatases des graines de soja et de haricot ont des pH optimums, respectivement de 5 et de 6 unités (Ferreira et *al.*, 1998). Cependant, les phosphatases acides purifiées à partir de suspension cellulaire de tomate ont un pH d'activité optimale très faible, de 3.5 à 4 unités (Williamson et Colwell, 1991). En outre, les phosphatases acides des graines de laitue se caractérisent par un Km de 0,83 mM et un Vmax de 2 µmol/min. La valeur de Km de ces enzymes varie selon le type des graines; il est de 0.57 mM pour les graines de triticale (Ching et *al.*, 1987), de 0.11 mM pour les graines de *Vigna sinensis* (Biswas et Cundiff, 1991) et de 0,08 mM pour les graines de tournesol (Park et Van Etten, 1986).

En utilisant l'acide phytique comme substrat, les phytases des graines de laitue admettent un pH optimum à 5.6 et une température de 40 °C pour une durée d'incubation de 30 min. Cette enzyme se caractérise par un Km de 0.027 mM et un Vmax de 0.77 µmol/min. Les phytases identifiées au niveau des graines de *Brassica sp* admettent un pH optimum de 5.2, une température optimale de 50 °C et un Km de 0.36 mM pour le phytate de sodium comme substrat (Houde et *al.*, 1990). De même, Greiner (2002) a caractérisé des activités phytases au niveau des graines de lupin (*Lupinus albus*) avec les caractéristiques suivantes: pH de 5, température optimale de 50 °C et Km de 80 µM.

L'effet des composés chimiques sur l'activité des phosphatases acides et des phytases est variable selon le type d'effecteur utilisé. En effet, le molybdate, le SDS, le Zn^{2+} et le Cu^{2+} ont un effet inhibiteur sur l'activité de ces enzymes. Le molybdate d'ammonium est un inhibiteur compétitif qui fonctionne comme un analogue du site actif de l'enzyme (Van Etten et *al.*, 1974).

L'activité phosphatase des embryons des graines de maïs est fortement inhibée par le molybdate d'ammonium (Senna et *al*., 2006). L'inhibition par le SDS est due à la modification de la structure tertiaire de la protéine avec exposition de la partie hydrophobe du groupe R (Granjeiro et *al*., 1999). L'ion Zn^{2+} a également réduit l'activité de ces enzymes, ceci est en accord avec les travaux d'Olczak et *al.* (1997) et Tabaldi et *al.* (2007), qui ont indiqué que le zinc est un inhibiteur de la phosphatase acide des graines de lupin jaune et des plantules de concombre. La diminution de l'activité par l'ion Cu^{2+} est probablement due à l'oxydation de certains résidus tyrosine dans le site catalytique de la phosphatase (Kim et *al.*, 2000). L'activité des phosphatases acides et des phytases des graines de laitue a été stimulée par l'EDTA et les ions Na^+, K^+, Mg^{2+} et Ca^{2+}. Gonnetyl et *al.* (2006) ont également signalé le même effet de ces produits chimiques sur trois phosphatases acide purifiées à partir de plantules d'arachide (*Arachis hypogaea*).

Nous avons mis en évidence, dans cette étude, une activité des phosphatases acides et des phytases dans les graines des deux variétés de laitue (Romaine et Vista) durant quatre jours de germination. Cette activité est élevée au début du processus germinatif et des pics d'activité enzymatique sont observés chez les deux variétés. Cette activation est due à une augmentation des activités métaboliques à ce stade. Plus tard, à la fin de la germination, on a remarqué une chute de l'activité de ces deux enzymes, due probablement à l'épuisement des réserves dans les graines germées. Gibbins et Norris (1963) ont trouvé un comportement similaire des phosphatases acides et des phytases dans les graines de haricot au cours de la germination. Gopal et *al.* (1983) ont démontré que le contenu en acide phytique des graines d'arachide diminue avec l'augmentation du temps de germination, ce qui coïncide avec une diminution de l'activité phytase au niveau des cotylédons.

Centeno et *al.* (2001) ont observé une augmentation des activités des phytases, une diminution concomitante des réserves de phytate et une augmentation de la teneur en phosphore au cours de la germination des graines de seigle et d'orge. Différents auteurs ont signalé que les processus, tels que l'imbibition et la germination, stimulent l'activité des phytases endogènes, qui sont capables d'hydrolyser l'acide phytique en inositol et en phosphore inorganique (Sulieman et *al.*, 2007). Sung et *al.* (2005) ont noté une augmentation significative de l'activité des phytases pouvant atteindre jusqu'à 7,9 fois celle observée au cours des premiers jours de germination, suivie d'une diminution, chez l'orge. La production de phosphate (à partir de la dégradation des phytates) dans les semences d'orge a lieu rapidement au début de la germination. Les enzymes hydrolytiques qui catalysent la rupture des liaisons phosphomonoester au niveau des phytates sont collectivement connus comme des phytases. Un certain nombre de gènes codant pour la phytase ont été identifiés dans le règne végétal (Maugenest et *al.*, 1997; Hegeman et Grabau, 2001; Xiao et *al.*, 2005). Par homologie de séquence, les phytases végétales actuellement connues sont classées en deux familles, les phosphatases acides à histidine (PAD) et les phosphatases acides pourpres (PAPs), qui ont été découverts respectivement chez le maïs (Maugenest et al. 1997) et le soja (Hegeman et Grabau, 2001). Ces deux espèces ont exprimé temporairement des phytases au début du stade de la germination, ce qui suggère leur rôle dans la mobilisation des réserves de phosphore stockées sous forme de myoinositolhexakisphosphate (ou phytate, noté InsP6) pour permettre la croissance des semis. Les profils d'expression génique a permis l'identification de centaines gènes induits lorsque les plantes sont exposées à un stress (Kreps et *al.*, 2002; Mantri et *al.*, 2007). La disponibilité de la séquence complète du génome de certaines plantes modèles, comme *Orysa sativa* et *Arabidopsis thaliana*, a permis l'identification de plusieurs transcriptions annotées sensibles aux stress abiotiques (Gregory et *al.*, 2008; Matsui et *al.*, 2008).

L'effet de la salinité (NaCl 100 mM) sur l'activité des phosphatases acides et des phytases induit des comportements variés chez les deux variétés de laitue. Au niveau des radicules, l'action de sel s'est traduite par une inhibition de ces activités associée à une diminution de la quantité de phosphore remobilisé à partir des réserves du phytate, chez la variété sensible Vista. Par contre, une stimulation due à NaCl de ces activités et une remobilisation des réserves de phytates comparable au témoin sont observées chez la variété Romaine ayant manifesté une insensibilité au sel au stade de la germination. En accord avec ces résultats, Gopal et *al.* (1983) ont montré que l'application d'un traitement salin sur des graines d'arachide induit une diminution de l'activité des phytases en retardant la décomposition des réserves du phytate.

Des études faites sur des cultivars de riz ont montré que le sel induit une diminution de l'activité des phosphatases acides et des phytases chez les cultivars sensibles et, par contre, une augmentation chez les cultivars tolérants (Dubey et Sharma, 1990). Une augmentation similaire de l'activité des phosphatases acides sous l'effet de la salinité est observée au niveau des embryons de sorgho (Sharma et *al.*, 2004) et des racines de la luzerne (Ehsanpour et Amini, 2003). Shaik Mohamed Anas et Vivekanadan (2000) ont démontré que l'activité des phosphatases acides et alcalines augmente de façon significative, sous l'effet du sel, au niveau des racines et des feuilles des mûriers. Selon ces auteurs, l'augmentation de l'activité enzymatique suggère une tolérance de ces génotypes de mûrier à la toxicité par NaCl. Ces résultats sont supportés par les observations de Nagesh Babu et Bevaraj (2008). Ils ont révélé que le stress salin induit une augmentation de l'activité des PA au niveau des plantes d'haricot (*Phaseolus vulgaris*), ce qui a entraîné une amélioration de leur tolérance au stress. Olmos et Helin (1997) ont observé que les phosphatases acides agissent sous stress salin et hydrique en maintenant un certain niveau de phosphate inorganique qui sera co-transporté avec les ions H^+ selon un gradient de la force proton-motrice. L'activation des phosphatases acides et des phytases permet de maintenir un statut métabolique important dans les cellules, en produisant les quantités de phosphate nécessaires aux diverses activités de biosynthèse impliquées dans la croissance des axes embryonnaires (Dubey and Sharma, 1990). Selon ces auteurs, une forte activité de ces enzymes, en condition de contrainte saline, permet à la cellule de maintenir les niveaux d'énergie nécessaires pour faire face aux conditions défavorables. Par contre, l'inhibition des activités phosphatasiques, comme il a été observé chez la variété Vista, entraîne une diminution des quantités de phosphate et d'énergie dans l'endosperme. Ceci conduit à une diminution du statut métabolique des graines germées et à une limitation de la disponibilité du phosphate dans les axes embryonnaires en croissance, conduisant finalement à une inhibition de la germination des graines.

CHAPITRE 3

Effet de l'application exogène d'acide gibbérellique sur les réponses au sel de la germination, de la croissance précoce des plantules et de l'activité des phosphatases chez les deux variétés de laitue

Résumé: Les effets de trois doses de gibbérelline GA (3, 6 et 9 µM) avec ou sans NaCl 100 mM sont d'abord étudiés sur le pourcentage de germination et la croissance des radicules et des hypocotyles. Les résultats montrent un effet améliorateur plus marqué de la dose de 6 µM de GA sur ces deux paramètres. Cette dose est choisie pour l'étude de l'interaction des effets de GA et de la salinité sur les activités enzymatiques responsables de la remobilisation du phosphore au cours de la germination. Les résultats montrent une réduction des activités des phosphatases acides et des phytases sous l'effet de NaCl 100 mM, mais seulement dans les radicules. La présence de 6 µM de GA dans le milieu d'imbibition a entraîné un rehaussement de ces activités à des niveaux proches de ceux des témoins. En outre, les activités des deux enzymes sont peu ou pas changées en présence de NaCl dans les autres organes. Toutefois, celles des phosphatases acides sont augmentées en réponse à l'addition de GA dans le milieu d'imbibition. L'application exogène d'acide gibbérellique (6 µM) restaure les effets négatifs du sel sur les processus germinatifs en améliorant la croissance précoce des plantules et en ramenant l'activité des phosphatases acides et des phytases à des niveaux comparables à ceux du témoin dans les graines germées en présence de NaCl et de gibbérelline.

1. Introduction

La salinité est un problème majeur qui affecte la germination et l'émergence des plantules, soit en créant un potentiel osmotique externe à la graine qui empêche l'absorption d'eau, soit par l'effet toxique des ions Na^+ et Cl^- (Khajeh-Hosseini et *al.*, 2003). Les stresses abiotiques provoquent l'altération du niveau des hormonaux endogènes ainsi que la réduction de la croissance des plantes (Morgan, 1990).

Une des méthodes les plus efficaces pour faire face au problème de la salinité est l'utilisation des hormones régulatrices de croissance (Jamil and Rha, 2007). Ces hormones jouent un rôle central dans l'intégration de la réponse exprimée par les plantes sous conditions de stress (Amzallag et *al.*, 1990). En effet, selon Banyal et Rai (1983), elles améliorent la capacité de germination et l'adaptation des plantes à ces conditions. A titre d'exemple, il est apporté par Kabar et Baltepe (1987) que l'''acide gibbérellique et la kinétine augmentent le pourcentage de germination et la croissance des plantules et atténuent les effets dépressifs du sel sur ces paramètres. Selon Kaur et *al.* (1998b), l'effet améliorateur de l'acide gibbérellique sur le pourcentage de germination et la croissance des plantules de pois chiche en condition de salinité, est liée à une mobilisation des réserves d'amidon catalysée par l'activation des amylases au niveau des cotylédons.

Le présent chapitre décrit les effets de l'application exogène d'acide gibbérellique sur la germination, la croissance des plantules et l'activité des phosphatases acides et des phytases chez les deux variétés de laitue: Romaine et Vista, sous conditions salines.

2. Résultats

2.1. Effet de l'acide gibbérellique sur le pourcentage de germination de deux variétés de laitue en condition de salinité

Les pourcentages de germination enregistrés au terme de quatre jours sont illustrés sur la figure 3.1. Il apparaît une diminution par le sel (NaCl 100 mM) de ce paramètre, mais seulement chez la variété sensible, Vista. Toutefois, l'apport exogène d'acide gibbérellique (GA: 3, 6 et 9 µM) augmente le pourcentage de germination en présence de NaCl chez cette variété. L'effet améliorateur le plus marqué est observé à la dose 6 µM d'acide gibbérellique. Chez la variété Romaine, le sel et le GA restent sans effet sur ces paramètres.

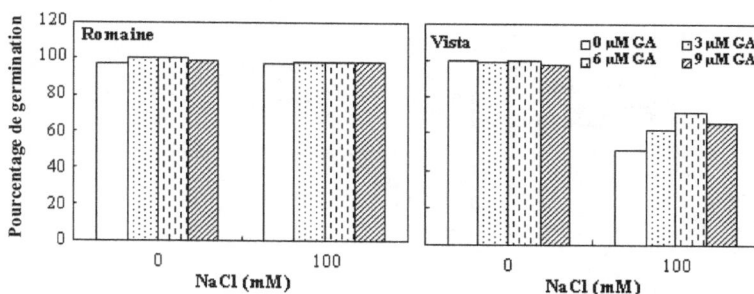

Figure 3.1. Effet d'un apport exogène de différentes doses d'acide gibbérellique (GA) sur le pourcentage de germination de deux variétés de laitue (Romaine et Vista) en condition de salinité (NaCl). Chaque rectangle représente la moyenne du pourcentage de germination de trois boites de pétri de 25 graines par traitement.

2.2. Effet de l'acide gibbérellique sur la croissance précoce des plantules des deux variétés de laitue en condition de salinité

Les tests de germination sont poursuivis pendant quatre jours par la mesure de la longueur et du poids frais des radicules et des hypocotyles afin de préciser les effets du sel sur la croissance précoce des plantules. En présence de NaCl 100 mM, une réduction significative de la longueur et le masse fraîche des radicules et des hypocotyles est remarquée chez les deux variétés, avec un effet plus accentué sur la croissance des radicules que sur celle des hypocotyles (Fig. 3.2 et 3.3). L'apport exogène d'acide gibbérellique induit une augmentation de la longueur et la biomasse fraîche des radicules et des hypocotyles en absence et en présence de sel.

Le maximum de croissance des ces organes est observé à une dose de 6 µM de gibbérelline en absence comme en présence de NaCl 100 mM. L'effet améliorateur de la gibbérelline est plus marquée sur la croissance des hypocotyles que sur celle des radicules (Fig. 3.2 et 3.3).

Ces résultats montrent un effet améliorateur plus marqué de la dose de 6 µM de gibbérelline sur le pourcentage de germination et sur la croissance des radicules et des hypocotyles. Cette dose est choisie pour l'étude de l'interaction des effets de l'acide gibbérellique et de la salinité sur les activités enzymatiques responsables de la remobilisation du phosphore au cours de la germination.

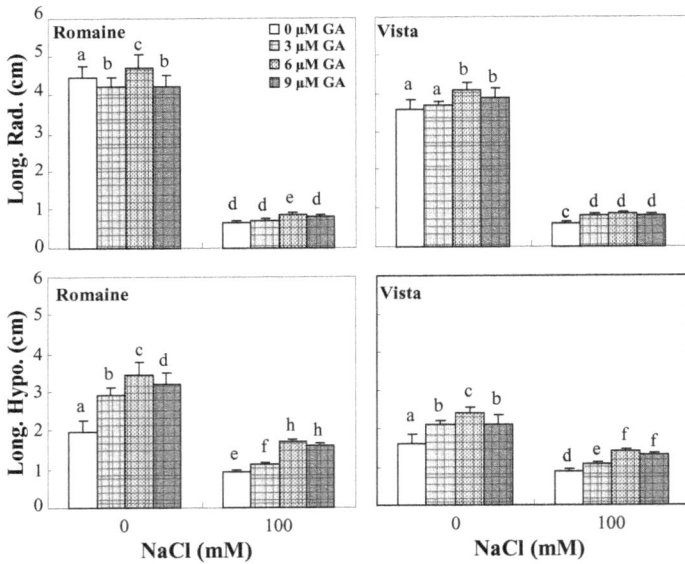

Figure 3.2. Effet d'un apport exogène de différentes doses d'acide gibbérellique (GA) sur la longueur des radicules et des hypocotyles de deux variétés de laitue (Romaine et Vista) en condition de salinité (NaCl). Valeurs moyennes de six mesures individuelles et intervalles de sécurité au seuil de 5 %.

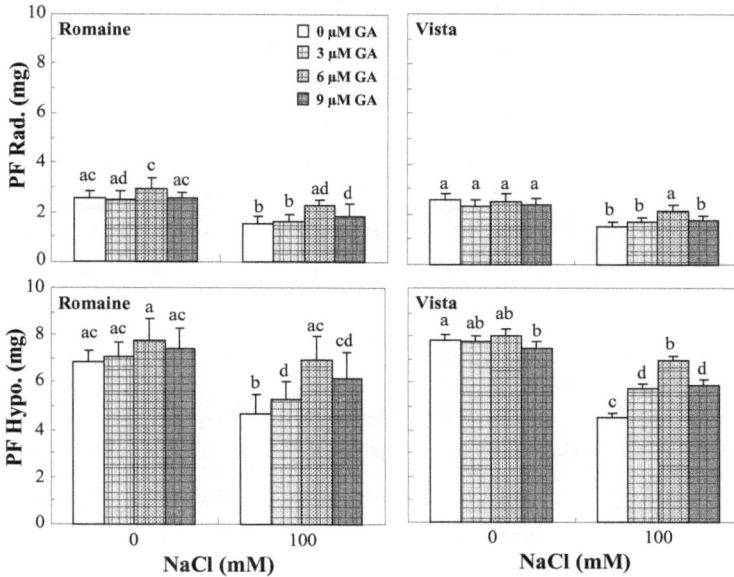

Figure 3.3. Effet d'un apport exogène de différentes doses d'acide gibbérellique (GA) sur le poids frais (PF) des radicules et des hypocotyles des deux variétés de laitue (Romaine et Vista) en condition de salinité (NaCl). Valeurs moyennes de six mesures individuelles et intervalles de sécurité au seuil de 5 %.

2.3. Interaction des effets de l'acide gibbérellique et de la salinité sur les activités phosphatases des deux variétés de laitue

❖ **Phosphatases acides**

Chez la variété Romaine, l'activité des phosphatases acides n'est pas diminuée par le sel (NaCl 100 mM) au niveau des radicules, des hypocotyles et des cotylédons après 48 h et 96 h de germination. Chez la variété Vista, le sel diminue cette activité au niveau des radicules. Au niveau des hpocotyles et des cotylédons, cette activité n'est pas modifiée par le sel (Tab. 3.1). L'apport exogène d'acide gibbérellique induit une élévation des activités des phosphatases acides au niveau des différentes parties de la graine germée en condition de salinité. Cet effet améliorateur du GA sur l'activité enzymatique est constaté plus au niveau des radicules (augmentation de 2 fois) et, à un degré moindre, au niveau des cotylédons.

Tableau 3.1. Effet d'un apport exogène d'acide gibbérellique (GA, 6 µM) sur l'activité des phosphatases acides au niveau des radicules, des hypocotyles et des cotylédons des deux variétés de laitue (Romaine et Vista) en condition de salinité (NaCl). (T : Témoin : 0 mM NaCl ; S : Sel : 100 mM NaCl). Valeurs moyennes de quatre mesures individuelles et intervalles de sécurité au seuil de 5 %. Les lettres accolées aux différentes mesures correspondent aux résultats de l'analyse statistique. Les mesures sont statistiquement différentes lorsqu'elles sont affectées de lettres différentes.

		Romaine		Vista	
		48 h	**96 h**	**48 h**	**96 h**
Radicule	T	6.29± 0.45 [a]	7.45± 1.68 [c]	5.38 ± 0.56 [a]	8.04± 0.61 [d]
	T + GA	16.21± 1.65 [b]	18.68 ± 1.00 [d]	6.45 ± 0.91[bd]	8.59± 0.67 [d]
	S	7.58 ± 0.71 [c]	7.20± 0.70[ac]	3.65 ± 0.19 [c]	5.43± 0.29 [a]
	S + GA	17.08 ± 1.41 [b]	17.15 ± 2.00 [b]	6.00 ± 0.73[ab]	8.19± 0.55 [d]
Hypocotyle	T	21.15 ± 2.10 [a]	30.22 ± 2.35 [c]	28.66 ± 3.22[ac]	21.58 ± 1.33 [b]
	T + GA	20.86 ± 1.61 [a]	37.07 ± 4.17 [d]	22.28 ± 3.53 [b]	25.90 ± 2.93[cde]
	S	20.90 ± 2.11 [a]	44.01 ± 5.94 [e]	23.19 ± 3.61[be]	24.58 ± 4.32 [ad]
	S + GA	25.00 ± 2.07 [b]	43.83 ± 3.91 [e]	22.37 ± 5.43 [b]	28.84 ± 1.93 [be]
Cotylédons	T	144.38 ±15.57[ad]	97.18 ±11.54 [e]	106.28 ± 3.49 [a]	100.21 ± 1.40 [a]
	T + GA	195.86 ±15.17 [b]	151.78 ±13.59 [a]	136.85 ± 6.60 [b]	176.91 ± 4.97 [d]
	S	140.90 ± 5.07 [d]	118.54 ± 4.68 [f]	102.28 ± 1.88 [a]	104.70 ±11.39 [a]
	S + GA	179.75 ± 7.05 [c]	175.77 ±14.79 [c]	122.16 ± 8.39 [c]	139.99 ± 3.91 [b]

❖ **Phytases**

Chez la variété Romaine, l'activité des phytases augmente sous l'effet du sel (100 mM NaCl) au niveau des radicules après 96 h de germination. Cette activité n'est pas affectée par la salinité au niveau des hypocotyles mais une diminution est observée au niveau des cotylédons après 48 h de germination (Tab. 3.2). Chez la variété Vista, le sel diminue l'activité des phytases au niveau des radicules. Au niveau des hpocotyles et des cotylédons, cette activité n'est pas modifiée par le sel (Tab. 3.2).

L'apport exogène d'acide gibbérellique induit une augmentation significative des activités des phytases au niveau des différentes parties de la graine germée en condition de salinité. L'élévation de cette activité par le GA est constatée plus au niveau des cotylédons après 48 h de germination, chez les deux variétés de laitue. Au niveau des radicules, l'effet améliorateur du GA est constaté plus après 96 h de germination et de façon très significative, chez la variété Vista.

En effet chez cette variété, l'effet dépressif du sel sur l'activité des phytases au niveau des radicules est annulé par l'addition de gibbérelline dans le milieu d'imbibition des graines.

Tableau 3.2. Effet d'un apport exogène d'acide gibbérellique (GA, 6 µM) sur l'activité des phytases au niveau des radicules, des hypocotyles et des cotylédons de deux variétés de laitue (Romaine et Vista) en condition de salinité (NaCl). (T: Témoin; 0 mM NaCl; S: Sel: 100 mM NaCl). Valeurs moyennes de quatre mesures individuelles et intervalles de sécurité au seuil de 5 %. Les lettres accolées aux différentes mesures correspondent aux résultats de l'analyse statistique. Les mesures sont statistiquement différentes lorsqu'elles sont affectées de lettres différentes.

		Romaine		Vista	
		48 h	96 h	48 h	96 h
Radicule	T	1.46 ± 0.34 [a]	2.05 ± 0.31 [b]	0.59 ± 0.07 [a]	1.47 ± 0.29 [bc]
	T + GA	2.04 ± 0.17 [b]	2.95 ± 0.32 [d]	1.19 ± 0.20 [bd]	1.81 ± 0.09 [c]
	S	1.69 ± 0.15 [a]	2.49 ± 0.30 [cd]	0.43 ± 0.03 [a]	0.94 ± 0.16 [d]
	S + GA	2.18 ± 0.33 [bc]	3.40 ± 0.46 [e]	1.29 ± 0.14 [b]	1.32 ± 0.03 [b]
Hypocotyle	T	3.21 ± 0.20 [a]	4.26 ± 0.14 [c]	1.55 ± 0.05 [ad]	1.58 ± 0.13 [ad]
	T + GA	3.48 ± 0.18 [bd]	4.33 ± 0.16 [ce]	1.61 ± 0.16 [ad]	1.76 ± 0.12 [bd]
	S	3.29 ± 0.24 [ab]	4.31 ± 0.13 [c]	1.72 ± 0.11 [ab]	1.30 ± 0.12 [c]
	S + GA	3.65 ± 0.12 [b]	4.51 ± 0.16 [e]	1.82 ± 0.04 [b]	1.54 ± 0.07 [a]
Cotylédons	T	4.28 ± 0.11 [a]	2.59 ± 0.27 [d]	2.71 ± 0.19 [a]	2.55 ± 0.28 [ad]
	T + GA	5.88 ± 0.52 [b]	2.68 ± 0.30 [d]	4.45 ± 0.16 [b]	3.52 ± 0.21 [c]
	S	3.61 ± 0.16 [c]	2.66 ± 0.11 [d]	2.23 ± 0.11 [d]	2.20 ± 0.21 [d]
	S + GA	6.09 ± 0.27 [b]	2.71 ± 0.20 [d]	3.50 ± 0.19 [c]	3.34 ± 0.25 [c]

3. Discussion

Il a été démontré que les hormones de croissance des plantes jouent un rôle central dans l'intégration de la réponse des plantes aux conditions de stress (Amazallag et *al.*, 1990). L'acide gibbérellique augmente le pourcentage de germination et la croissance des plantes (Kaur et *al.*, 1998a). Dans cette étude, l'addition de GA au milieu d'imbibition des graines de laitue entraîne une augmentation du pourcentage de germination, de la longueur et de la biomasse fraîche des radicules et des hypocotyles, chez les deux variétés de laitue, en condition de salinité. Akman (2009) a aussi mis en évidence un effet stimulateur de l'acide gibbérellique sur le pourcentage de germination et la croissance des plantules de blé.

Ces résultats sont similaires avec ceux de Abdel Halim (2007) sur l'haricot et Jamil and Rha (2007) sur la betterave à sucre. Il est possible que cette hormone de croissance augmente l'absorption durant la germination et la croissance précoce des plantules (Kaur et al., 1998b). Le sel (NaCl) inhibe la croissance en réduisant à la fois la division et l'élargissement des cellules, et l'amélioration observée dans la croissance des plantules traitées par le GA est attribuée à l'effet bénéfique de cette hormone sur ces phénomènes cellulaires (Asahina et *al.*, 2002).

Le stress osmotique induit par le sel et capable d'inhiber la germination est la cause de la diminution du contenu en gibbérelline (Boucaud and Ungar, 1976). Kaur et *al.* (1998a,b) supposent que l'addition exogène d'acide gibbérellique améliore la germination et la croissance des plantules en augmentant la disponibilité de l'hormone endogène. GA réduit l'effet inhibiteur de NaCl sur la croissance chez plusieurs plantes (Lin and Koa, 1995, Kaur et *al.*, 1998b, Akman, 2009). Selon Lin and Koa (1995), au niveau des plantules de riz, GA supprime l'effet de NaCl sur la croissance des hypocotyles, mais non sur celle des radicules, ce qui démontre que sous stress salin, la croissance des hypocotyles et celle des radicules répondent différemment à la présence d'acide gibbérellique.

Les résultats de notre analyse sur l'activité des phosphatases acides et des phytases montrent que l'acide gibbérellique induit une augmentation significative de ces activités enzymatiques en condition de salinité. Centeno et *al.* (2001) ont aussi constaté que l'addition de GA_3 au cours du processus germinatif induit une augmentation de l'activité des phosphatases acides et des phytases des graines de riz et de blé. Il semble que la présence de GA active et stimule la sécrétion des phosphatases acides dans les graines de blé, mais n'induit leur synthèse de novo (Bayley et *al.*, 1976). Deux mécanismes induits par le GA sont mis en jeu: un pour la formation d'enzyme et l'autre pour sa sécrétion (Obata et Suzuki, 1976). La diminution des activités des phosphatases et des phytases par le sel au niveau des radicules chez la variété Vista est restaurée par l'apport exogène d'acide gibbérellique dans le milieu d'imbibition. Kaur et *al.* (1998a) ont rapporté aussi une augmentation de l'activité des amylases au niveau des cotylédons associée une amélioration du transport du succharose des cotylédons vers les tissus en croissance des plantules stressés par le sel. Ces auteurs ont conclu que l'acide gibbérellique contre balance l'effet négatif du sel en stimulant la mobilisation de l'amidon et l'activité des amylases au niveau des cotylédons.

En conclusion, cette étude a montré que l'application exogène d'acide gibbérellique améliore la germination et la croissance précoce des plantules en stimulant l'activité des phosphatases des plantules de laitue favorisant ainsi une mobilisation plus efficace des réserves de phosphore de la graine sous stress salin.

CHAPITRE 4

Effet du prétraitement par KNO$_3$ sur la germination, la croissance et l'activité des phosphatases des plantules de laitue en condition de salinité

Résumé: *Cette étude est réalisée pour évaluer l'effet du prétraitement par KNO$_3$ sur la germination, la croissance des plantules et l'activité des phosphatases. Les graines de laitue (Var. Vista) sont prétraitées par une solution de KNO$_3$ (0.5 %) pendant 2 h à 25°C à l'obscurité. Les graines traitées et non traitées par KNO$_3$ sont mises à germer dans deux solutions de NaCl: 0 et 100 mM pendant 4 jours à 25 °C. Les résultats montrent que le pourcentage de germination, la longueur et la biomasse fraîche des radicules et des hypocotyles des graines prétraitées sont plus élevées que celles des graines non traitées en condition de salinité. Le prétraitement par KNO$_3$ augmente aussi l'activité des phosphatases acides et des phytases au niveau des radicules, des hypocotyles et des cotylédons sous stress salin. Les résultats indiquent que le prétraitement par KNO$_3$ des graines peut être utilisé pour améliorer la germination des graines de laitue et la croissance des plantules sous conditions de salinité.*

1. Introduction

Le prétraitement des graines est un protocole qui consiste à imbiber les graines dans de l'eau ou dans des solutions osmotiques puis les sécher avant l'émergence des radicules (McDonald, 2000). Ce protocole a été utilisé pour améliorer la germination, réduire le temps de germination des graines, améliorer l'établissement des plantules, et accroître l'émergence, la précocité de la floraison, la maturité et le rendement en grains (Basra et *al.,* 2005a). Selon Sivritepe et Dourado (1995), le prétraitement osmotique est l'une des méthodes physiologiques qui améliore le rendement des semences et fournit une germination plus rapide et plus synchronisée. Plusieurs rapports ont souligné que, sous diverses contraintes environnementales tels que la salinité, le déficit hydrique et la température, le prétraitement osmotique conduit à des changements cellulaires, subcellulaires et moléculaires dans les graines favorisant par la suite la vigueur des semences pendant la germination et l'émergence de différentes espèces végétales (Numjun et *al.,* 1997; Cuartero et *al.,* 2006). Il est prouvé que le prétraitement des graines augmente la tolérance à la salinité du tournesol (*Helianthus annus* L.), du melon (*Cucumis melo* L.) et de la tomate (*Lycopersicon esculentum* Mill.) (Jumsoon et *al.,* 1996; Damirkaya et *al.,* 2006; Sivirteps et *al.,* 2003).

L'objectif de cette étude est d'évaluer les effets du prétraitement osmotique sur la dynamique de la germination, la croissance des plantules et les activités des phosphatases de laitue (*Lactuca sativa* L.) variété Vista en condition de salinité.

2. Résultats

2.1. Effet du prétraitement par KNO₃ des graines de laitue (Vista) sur le pourcentage de germination en condition de salinité

Les courbes de cinétique de germination, exprimant l'évolution du pourcentage de germination en fonction du temps, en absence et en présence de NaCl 100 mM, des graines traitées et non traitées par KNO₃, sont montrées sur la figure 4.1. Un modèle empirique est utilisé pour simuler les courbes de germination expérimentales à partir des pourcentages de germination estimés quotidiennement. Ce modèle est basé sur la méthode d'ajustement non linéaire qui admet l'équation: $Y = Y_{max} * (1-Exp\,(-k(t-t0)))$ (*cf* §2.1, chap 1). Les paramètres de germination (le temps de latence, la constante de vitesse k et le pourcentage final de germination) des graines de laitue (var. Vista) sont estimés en fonction du traitement par NaCl et par KNO₃ (Tab. 4.1). Les résultats montrent que le pourcentage de germination est influencé par le sel, en effet, une réduction de 53 % est notée pour les graines non traitées par KNO₃, sous l'effet de NaCl 100 mM, contre seulement une réduction de 33 % pour les graines traitées. Donc, le prétraitement des graines par KNO₃ a amélioré le pourcentage de germination en présence de NaCl 100 mM, de l'ordre de 30 % par rapport aux graines non traitées (Tab. 4.1).

La vitesse de germination K, qui détermine l'intervalle de temps entre la fin de la latence et l'accès au plateau, est augmentée par le sel et elle n'est pas influencée par le traitement par KNO₃ (K faible). La présence du sel dans le milieu d'imbibition des graines a entraîné un accroissement du temps de latence des graines traitées et non traitées par KNO₃ traduisant un retard du démarrage des processus germinatifs qui est plus marqué pour les graines non traitées par KNO₃.

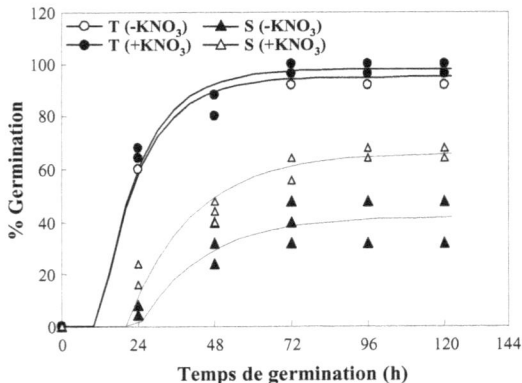

Figure 4.1. Evolution du pourcentage de germination des graines de laitue en fonction du temps, du traitement par NaCl et par KNO₃. Les symboles distinguent les traitements: T: -KNO₃ (cercles blancs), T: +KNO₃: (cercles noirs), S: -KNO₃ (triangles noirs) et S: +KNO₃ (triangles blancs). Chaque point représente la valeur du pourcentage de germination obtenue par boite de pétri (avec trois boites de 25 graines par traitement). (-KNO₃: graines non prétraitées; +KNO₃: graines prétraitées).

Tableau 4.1. Estimation du pourcentage final de germination (Ymax), de la constante de vitesse k et du temps de latence (t_0) des graines de laitue (var. Vista) en fonction du traitement par NaCl et par KNO₃.

	T (-KNO₃)	S (-KNO₃)	T (+KNO₃)	S (+KNO₃)
Y max	95	42	98	66
k	0.08	0.05	0.08	0.05
t_0	10	24	10	20

2.2. Effet du prétraitement par KNO₃ sur la croissance précoce des plantules de laitue (Vista) en condition de salinité

L'effet de NaCl sur la croissance des plantules de laitue est étudié par la mesure de la longueur et de la biomasse fraîche des radicules et des hypocotyles. En effet, la longueur et la biomasse fraîche des radicules sont significativement réduites en présence de sel, respectivement de 70 et 48 %. Cependant, le prétraitement des graines par KNO₃, induit une augmentation de la croissance des radicules en condition de la salinité avec une amélioration de croissance de 30 % par rapport aux graines non traitées (Fig. 4.3). Pour les hypocotyles, l'effet de NaCl 100 mM se traduit aussi par une diminution de la longueur et de la biomasse fraîche, respectivement de 30 et 40 %. Le traitement des graines par KNO₃ améliore la croissance des hypocotyles de 23 % en présence de la même concentration de sel par rapport aux graines non traitées (Fig. 4.3).

2.3. Effet du prétraitement par KNO₃ sur l'activité des phosphatases acides et des phytases des plantules de laitue en condition de salinité

L'activité des phosphatases acides et des phytases est mesurée au niveau des trois parties des graines germées de laitue traitées et non traitées par KNO₃: la radicule, l'hypocotyle et les cotylédons. L'effet de NaCl 100 mM se traduit par une diminution de l'activité des phosphatases acides dans les trois parties de la plantule issue des graines non traitées (Tab. 4.2). Le traitement des graines par KNO₃ a entraîné un rehaussement des activités de ces enzymes à des niveaux proches de ceux des témoins au niveau des radicules, des hypocotyles et des cotylédons en condition de salinité (Tab.4.2).

Les phytases, qui représentent une catégorie de phosphatases acides impliquées dans l'hydrolyse des réserves de phosphore et spécialement le phytate, sont aussi activées au cours de la germination des graines. Les résultats présentés dans le tableau 4.3 montrent que, pour les graines non traitées, NaCl 100 mM induit une diminution significative de l'activité de ces enzymes au niveau des radicules. En revanche, le sel reste sans effet sur cette activité enzymatique au niveau des cotylédons. Cependant, une élévation de l'activité des phytases sous l'effet de sel est constatée au niveau des hypocotyles. Le traitement des graines par KNO_3 a entraîné une augmentation des activités des phytases au niveau des différentes parties de la graine de laitue germées en condition de salinité.

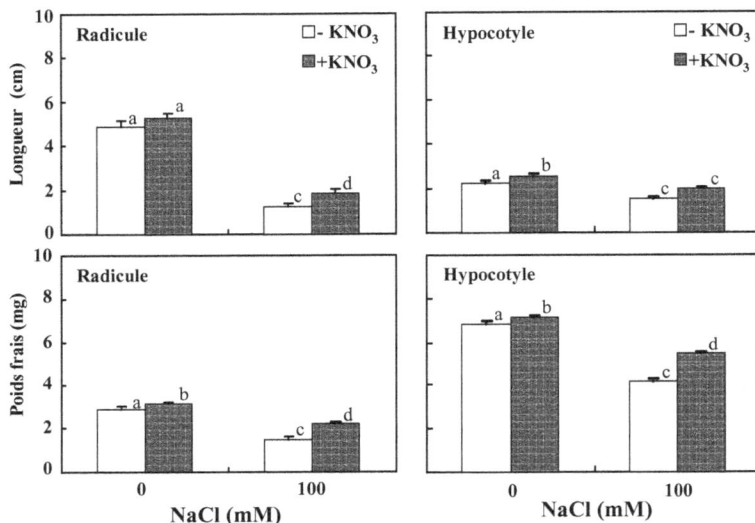

Figure 4.2. Effet du prétraitement par KNO_3 sur la longueur et le poids frais des radicules et des hypocotyles des plantules de laitue (Vista) en absence et en présence de NaCl 100 mM. Valeurs moyennes de six mesures individuelles et intervalles de sécurité au seuil de 5 %. Les lettres accolées aux différentes mesures correspondent aux résultats de l'analyse statistique. Les mesures sont statistiquement différentes lorsqu'elles sont affectées de lettres différentes.

Tableau 4.2. Effet de prétraitement par KNO_3 sur l'activité des phosphatases acides, exprimées en nmol/min/organe, au niveau des radicules, des hypocotyles et des cotylédons. (T : Témoin ; S : Sel : NaCl 100 mM). Valeurs moyennes de quatre mesures individuelles et intervalles de sécurité au seuil de 5 %. Les lettres accolées aux différentes mesures correspondent aux résultats de l'analyse statistique. Les mesures sont statistiquement différentes lorsqu'elles sont affectées de lettres différentes.

Traitements	Radicule	Hypocotyle	Cotylédons
T (-KNO₃)	8.01±0.30 [a]	45.92±2.15 [a]	100.21±1.40 [a]
T (+KNO₃)	9.87±0.73 [b]	52.98±1.77 [b]	176.91±4.97 [a]
S (-KNO₃)	6.45±0.32 [c]	38.87±2.32 [c]	69.87 ± 7.32 [a]
S (+KNO₃)	9.74±0.36 [d]	45.49±1.36 [a]	104.70±11.3 [a]

Tableau 4.3. Effet de prétraitement par KNO₃ sur l'activité des phytases, exprimée en nmol/min/organe, au niveau des radicules, des hypocotyles et des cotylédons. (T : Témoin ; S : Sel : NaCl 100 mM). Valeurs moyennes de quatre mesures individuelles et intervalles de sécurité au seuil de 5 %. Les lettres accolées aux différentes mesures correspondent aux résultats de l'analyse statistique. Les mesures sont statistiquement différentes lorsqu'elles sont affectées de lettres différentes.

Traitements	Radicule	Hypocotyle	Cotylédons
T (-KNO₃)	0.05±0.006 [a]	0.08±0.004 [a]	0.33±0.02 [a]
T (+KNO₃)	0.07±0.007 [b]	0.08±0.005 [b]	0.38±0.05 [a]
S (-KNO₃)	0.02±0.003 [c]	0.09±0.007 [c]	0.36±0.05 [a]
S (+KNO₃)	0.08±0.005 [d]	0.12±0.007 [a]	0.38±0.03 [a]

3. Discussion:

Dans cette étude, la salinité réduit significativement la germination et la croissance des plantules de laitue (Var. Vista). Cependant, le prétraitement des graines de laitue par KNO₃ améliore la germination des graines par comparaison avec les graines non traitées en condition de salinité. Cette amélioration s'est traduite par l'augmentation du pourcentage final de germination, de la longueur et de la biomasse fraîche des radicules et des hypocotyles des plantules traitées par le sel.

Ces résultats sont en accord avec ceux des études effectuées sur les graines de *Brassica napus*, où le prétraitement des graines par KNO₃ augmente le pourcentage de germination et la croissance des plantules sous stress salin (Hassanpouraghdam *et al.*, 2009). Les graines prétraitées ont une meilleure efficacité d'absorption de l'eau du milieu de culture, et il est évident que les activités métaboliques dans les semences au cours de la germination commencent beaucoup plutôt que l'apparence des radicules et des hypocotyles (Ascherman-Koch *et al.*, 1992). Ces effets positifs sont probablement dus à l'action stimulante du prétraitement sur les premiers stades du processus germinatif par l'intermédiaire de la division cellulaire dans les graines germées (Sivirteps *et al.*, 2003).

Le prétraitement des graines de concombre (*Cucmis sativus*) avec le mannitol peut également atténuer les effets négatifs du stress salin sur la germination et la croissance des plantes (Passam et Kakouriotis, 1994). En outre, Afzal *et al.* (2006) ont démontré que le prétraitement des semences a été efficace pour atténuer les effets dépressifs de la salinité par l'amélioration de la germination et de la croissance des deux cultivars de blé. Des résultats similaires ont été aussi signalés pour améliorer la germination et la vigueur des cultivars de blé par prétraitement des graines sous conditions de salinité (Kamboh *et al.*, 2000; Basra *et al.*, 2005b). Sarwar *et al.* (2006) ont rapporté que le prétraitement des graines de pois chiche par KNO₃ (0.5 %) augmente la longueur et la biomasse des radicules et des hypocotyles des plantules de pois chiche, sur milieu additionné de sel, par comparaison avec les plantules issues des graines non traitées.

Pour rechercher les bases biochimiques du prétraitement osmotique dans l'amélioration de la germination, les activités des phosphatases acides et des phytases sont déterminées dans les différentes parties de la graine germée de laitue: la radicule, l'hypocotyle et les cotylédons après 4 jours d'imbibition. Le traitement des graines par KNO_3 a entraîné un rehaussement des activités des phosphatases acides et des phytases à des niveaux proches de ceux des témoins au niveau des radicules, des hypocotyles et des cotylédons en condition de salinité. L'activation des phosphatases semble maintenir un statut métabolique cellulaire élevé en fournissant un taux plus élevé de phosphate libre et en activant son transport et les processus de biosynthèse dans la croissance axes embryonnaires (Dubey et Sharma, 1990). Kaur et al. (2002) ont rapporté que le prétraitement des graines peut augmenter les activités des enzymes impliquées dans le métabolisme des glucides. En effet, les activités des enzymes, comme l'amylase, l'invertase (acide et alcaline), la saccharose synthase et la saccharose phosphate synthase au niveau des racines, des hypocotyles et des cotylédons augmentent dans les plantules prétraitées par rapport aux plantules non-traitées, ce qui favorise la germination et l'établissement des plantules. Ainsi, en utilisant cette méthode simple et pratique, les producteurs de pois chiche peuvent produire des cultures ayant un meilleur rendement dans les sols salins.

Le prétraitement a des effets positifs sur les caractéristiques de germination des cultivars d'amarante comme la vitesse de germination et la longueur des racines. Les activités des enzymes antioxydantes ont été augmentées dans les graines traitées. L'activité élevée des enzymes antioxydantes pourrait augmenter la tolérance des graines traitées à des contraintes environnementales comme la salinité (Moosavi et al., 2009).

En conclusion, cette étude a montré que le prétraitement osmotique avec KNO_3 est efficace dans l'amélioration de la germination et la croissance précoce des plantules de laitue en présence de sel par l'augmentation de l'activité des phosphatases. Ceci a permis de fournir un taux plus élevé de phosphate et de maintenir une quantité d'énergie suffisante à la cellule pour faire face aux effets néfastes de la salinité.

CONCLUSION GENERALE ET PERSPECTIVES

Au terme de cette étude, la réponse au sel de quatre variétés de laitue (*Lactuca sativa* L.) est décrite, au stade germinatif et à un stade précoce de la croissance végétative, par des outils physiologiques et biochimiques. Les résultats présentés dans le premier chapitre ont révélé des différences de comportement vis-à-vis de différentes doses de NaCl (de 0 à 150 mM) entre les quatre variétés, à ce stade précoce du développement de la plante. Une échelle de sensibilité est établie, où les variétés Vista et Laitue vert sont considérées plus sensibles au sel, par comparaison avec Romaine et Augusta. Les traits caractéristiques de la sensibilité relative des deux premières variétés se résument par : (**1**) un retard de la germination lié à la présence de NaCl dans le milieu d'imbibition, et qui peut être expliqué par la difficulté qu'ont trouvé les graines pour s'imbiber d'eau dans un milieu à potentiel osmotique très bas, et (**2**) une réduction du taux final de germination à 50 et 100 mM NaCl et une inhibition totale de la germination à 150 mM. En revanche, le meilleur comportement vis-à-vis de NaCl des variétés Romaine et Augusta s'est traduit par le maintien d'un pourcentage final de germination comparable à celui enregistré sur milieu témoin, à 50 et à 100 mM de NaCl, et réduit seulement de 50 % à 150 mM. Les graines inhibées par la salinité sont capables de germer après rinçage à l'eau distillée et imbibition en condition témoin. Les effets de la salinité sur la germination sont principalement dus à la composante osmotique de ce stress et l'inhibition de la germination est réversible.

Deux variétés, l'une tolérante (Romaine) et l'autre sensible (Vista), sont choisies pour étudier l'effet du sel sur la croissance végétative, chez de jeunes plantules de laitue âgées de 96 heures. Les résultats ont révélé que le sel induit une diminution de la croissance pondérale et en longueur des plantules généralement comparable entre les deux variétés. En outre, cet effet du sel est plus accentué sur la croissance des radicules que sur celle des hypocotyles.

Le second chapitre présente les résultats relatifs aux propriétés cinétiques des phosphatases acides (PA) et des phytases des graines de laitue et aux effets de la salinité sur l'activité de ces enzymes et sur les contenus en phytate et en phosphore inorganique des germinations de cette espèce (Var Romaine et Vista). Les phosphatases acides et les phytases ont pour fonction de catalyser l'hydrolyse des composés phosphatés libérant ainsi le phosphore inorganique. Ce dernier joue un rôle vital dans le transfert d'énergie et dans la régulation du métabolisme cellulaire. Comme toute enzyme, les phosphatases acides et les phytases possèdent des propriétés spécifiques. Dans les graines de laitue, les premières enzymes ont manifesté une activité optimale à un pH de 5.6; et à une température de 37 °C pour une durée d'incubation de 30 min, et une forte affinité pour le p-nitrophenyl phosphate (pNPP) comme substrat. Quant aux phytases, qui utilisent l'acide phytique comme substrat, l'optimum d'activité est atteint à un pH de 5.6 et à une température de 40 °C pour une durée d'incubation de 30 min. Cette enzyme se caractérise par un Km faible (0.027 mM) témoignant d'une forte affinité pour son substrat. L'effet des composés chimiques sur l'activité de ces deux enzymes est variable selon le type d'effecteur utilisé. En effet, elles sont inhibées par le molybdate, le SDS, le zinc (Zn^{2+}) et le cuivre (Cu^{2+}) et, par contre, stimulées par l'EDTA et certains cations majeurs comme Na^+, K^+, Mg^{2+} et Ca^{2+}.

L'activité de ces enzymes est élevée au début du processus germinatif et des pics d'activité enzymatique sont observés chez les deux variétés. Cette activation est due à une augmentation des activités métaboliques à ce stade. Plus tard, à la fin de la germination, une chute d'activité est notée, due probablement à l'épuisement des réserves dans les graines germées. L'effet de NaCl 100 mM sur l'activité des phosphatases acides et des phytases s'est traduit par des comportements variés chez les deux variétés de laitue. Au niveau des radicules, une inhibition de ces activités est observée chez la variété sensible Vista, et elle est associée à une diminution de la quantité de phosphore remobilisé à partir des réserves du phytate. Par contre, une augmentation est notée chez la variété Romaine ayant manifesté une insensibilité au sel au stade germination, ce qui a permis le maintien d'un niveau de phosphore dans les graines traitées comparable à celui des graines témoins.

Les phosphatases acides et les phytases étant des enzymes clés qui contrôlent le métabolisme énergétique et le niveau de phosphate inorganique dans les graines germées, leur forte activité sous stress salin, chez la variété tolérante (Romaine), suggère leur rôle direct dans le maintien d'une quantité d'énergie suffisante à la cellule pour faire face aux conditions défavorables induites par le sel, ce qui a abouti à un déroulement presque normal de la germination. En revanche, la diminution de l'activité de ces enzymes sous contrainte saline, chez la variété sensible (Vista), a entraîné une limitation de la quantité d'énergie dans les graines, ce qui s'est traduit par un abaissement du niveau du statut métabolique général entraînant ainsi une diminution de la germination.

Dans le troisième chapitre, sont présentés les résultats des effets de l'application exogène d'acide gibbérellique sur la germination, la croissance des plantules et l'activité des phosphatases acides et des phytases chez les deux variétés de laitue: Romaine et Vista sous des conditions contraignantes imposées par le sel. L'addition de GA dans le milieu d'imbibition des graines de laitue a amélioré le pourcentage de germination ainsi que la longueur et la biomasse fraîche des radicules et des hypocotyles, chez les deux variétés soumises aux conditions salines. Ces effets bénéfiques de l'acide gibbérellique seraient probablement liés à une meilleure absorption d'eau, à une activation du métabolisme énergétique et à une stimulation des divisions et de l'élongation cellulaires, ce qui a conduit à une meilleure croissance des plantules en condition stressante. L'acide gibbérellique pourrait aussi induire une augmentation significative des activités des phosphatases acides et des phytases en condition de salinité. En effet, il est bien documenté que GA$_3$ est un régulateur des enzymes associées à la germination, en effet, il stimule la synthèse et la sécrétion des phosphatases et augmente la disponibilité du phosphore, ce qui aboutit au bon déroulement du processus germinatif.

Le dernier chapitre est consacré à l'étude des effets du prétraitement osmotique sur la dynamique de la germination, la croissance des plantules et les activités des phosphatases de la laitue (Vista: variété sensible) en condition de salinité. Le prétraitement des graines par KNO$_3$ améliore la germination et la croissance des plantules par comparaison avec les plantules issues des graines non traitées en condition de salinité. Ces effets positifs sont probablement dus à l'action stimulante du prétraitement sur les premiers stades du processus germinatif par le biais de la division cellulaire dans les graines germées. Le traitement des graines par KNO$_3$ a entraîné un rehaussement des activités des phosphatases acides et des phytases à des niveaux proches de ceux des témoins au niveau des radicules, des hypocotyles et des cotylédons en condition de salinité. L'activation des phosphatases semble maintenir un statut métabolique cellulaire élevé en fournissant un taux plus élevé de phosphate libéré et active le transport actif et les événements de biosynthèse dans les axes embryonnaires.

Comme perspectives, à l'issue de ce travail, il serait intéressant de compléter cette analyse physiologique et biochimique de la réponse à la salinité au stade germination chez la laitue par une étude génétique des caractères physiologiques de tolérance au stress salin en utilisant des variétés de laitue à comportement contrasté, et ce pour identifier le ou les gène(s) codant pour les phosphatases acides et dont l'expression serait fortement induite par la salinité.

Le prétraitement des graines par KNO$_3$ ayant amélioré la germination et la croissance précoce des plantules de laitue en condition de salinité, il est important d'étudier d'autres techniques de prétraitements dont le but est d'améliorer la tolérance au sel des variétés sensibles.

REFERENCES BIBLIOGRAPHIQUES

Abdel Haleem, M.A.M. 2007. Physiological aspects of Mungbean plant (*Vigna radiata* L. wilczek) in response to salt stress and gibberellic acid treatment. Research J. Agri. Biol. Sci. 3(4): 200-213.

Afzal, I., Basra, S.M.A., Hameed, A., Farooq, M. 2006. Physiological enhancements for alleviation of salt stress in wheat. Pak. J. Bot. 38(5): 1649-1659.

Akman, Z. 2009. Effects of GA$_3$ and kinetin pre-sowing treatments on seedling emergence and seedling growth in wheat under saline conditions. J. Animal Veter. Adv. 8 (2): 362-367.

Alboresi, A., Gestin, C., Leydecker, M.T., Bedu, M., Meyer, C., Truong, H.N. 2006. Nitrate, a signal relieving seed dormancy in *Arabidopsis*. Plant Cell Environ. 28: 500-512.

Aldesuquy, H.S. 1998. Effect of gibberellic acid, indole-3-acetic acid, abscisic acid, sea water on growth characteristics and chemical composition of wheat seedlings. Egypt. J. Physiol. Sci. 22: 451-466.

Ali-Rachedi, S., Bouinot, D., Wagner, M.H., Bonnet, M., Sotta, B., Grappin, P., Jullien, M. 2004. Changes in endogenous abscisic acid levels during dormancy release and maintenance of mature seeds: studies with the Cape Verde Islands ecotype, the dormant model of *Arabidopsis thaliana*. Planta 219: 479- 488.

Al-Karaki, G.N. 2001. Germination, sodium and potassium concentrations of barley seeds as influenced by salinity. J. Plant Nutr. 24: 511-522.

Almansouri, M., Kinet, J.M., Lutts, S. 2001. Effect of salt and osmotic stresses on germination in durum wheat (*Triticum durum* Desf.). Plant Soil 231: 243-254.

Amzallag, GN., Lener, H.R., Poljakoff-Mayber, A. 1990. Exogenous ABA as a modulator of the response of modulator of sorghum to high salinity. J. Exp. Bot. 541: 1529-1534.

Aoyama, H., Cavagis, A.D.M., Taga, E.M., Ferreira, C.V. 2001. Endogenous lectin as a possible regulator of the hydrolysis of physiological substrates by soybean seed acid phosphatase. Phytochem. 58: 221-225.

Asahina, M., Iwai, H., Kikuchi, A., Yamaguchi, S., Kamiya, Y., Kamada, H., Satoh, S. 2002. Gibberellin produced in the cotyledon is required for cell division during tissue reunion in the cortex of cut cucumber and tomato hypocotyls. Plant Physiol. 129: 201-210.

Ascherman-Koch, C., Hofmann, P., Steiner, A.M. 1992. Pre-sowing treatment for improving quality in cereals. I. Germination and vigor. Seed Sci. Tech. 20: 435-440.

Askri, H., Rejeb, S., Jebari, H., Nahdi, H., Rejeb, M.N. 2007. Effet du chlorure du sodium sur la germination des graines de trois variétés de pastèque (*Citrullus lanatus* L.). Sécheresse 18: 51-55.

Atia, A., Debez, A., Barhoumi, Z., Smaoui, A., Abdelly C. 2009. ABA, GA_3, and nitrate may control seed germination of *Crithmum maritimum* (Apiaceae) under saline conditions. C. R. Biologies 332: 704–710.

Atzorn, R., Weiler, E.W. 1983. The role of endogenous gibberellins in the formation of α-amylase by aleurone layers of germinating barley caryopses. Planta 159: 289-299.

Bajehbaj, A.A. 2010. The effects of NaCl priming on salt tolerance in sunflower germination and seedling grown under salinity conditions. Afr. J. Biotech. 9 (12): 1764-1770.

Bajji, M., Kinet, J.M., Lutts, S. 2002. Osmotic and ionic effects of NaCl on germination, early seedling growth and ion content of *Atriplex halimus* (Chenopodiaceae). Can. J. Bot. 80: 297-304.

Banyal, S., Rai, V.K. 1983. Reversal of osmotic stress effects by gibberellic acid in *Brassica campestris*. Recovery of hypocotyls growth, protein and RNA levels in presence of GA. Physiol. Plant. 59: 111-114.

Bartnik, M., Szafranska, I. 1987. Changes in phytate content and phytase activity during the germination of some cereals. J. Cereal Sci. 5: 23-28.

Basra, S.M.A., Farooq, M., Tabassum, R. 2005a. Physiological and biochemical aspects of seed vigor enhancement treatments in fine rice (*Orysa sativa* L.). Seed Sci Technol. 33: 623-628.

Basra, S.M.A., Afzal, I., Rashid R.A., Hameed, A. 2005b. Inducing salt tolerance in wheat by seed vigor enhancement techniques. Int. J. Biol. Biotech., 2: 173-179.

Basra, S.M.A., Afzal, I., Anwar, S., Anwar-ul-haq, M., Shafq, M., Majeed, K. 2006. Alleviation of salinity stress by seed invigoration techniques in wheat (*Triticum aestivum* L.). Seed Technol. 28: 36-46.

Bayley, K.M., Phillips, I.D.J., Pitt, D. 1976. Effect of gibberellic acid on the activation, synthesis and release of acid phosphatase in barley seed. J. Exp. Bot. 27: 324-336.

Belkhoja M., Soltani N. 1992. Réponses de la fève (*Vicia faba* L.) à la salinité : Étude de la germination de quelques lignées à croissance déterminée. Bull. Soc. Bot. Fr. 139: 357-368.

Bergman, E.L., Autio, K., Sandberg, A.S. 2000. Optimal conditions for phytate degradation, estimation of phytase activity, and localization of phytate in barley (Cv. Blenheim). J. Agric. Food. Chem. 48: 4647-4655.

Beweley, J.D. 1997. Seed germination and dormancy. Plant Cell 9: 1055-1066.

Bewley, J.D., Black, M. 1994. Seeds. Physiology of Development and Germination. Plenum Press, New York.

Biswas, T.K., Cundiff C., 1991. Multiple forms of acid phosphatase in germinating seeds of *Vigna sinensis*. Phytochem. 30: 2119-2125.

Bliss, R.D., Platt. Aloria, K.A., Thomson, W.W. 1986. The inhibition effect on NaCl on barley germination. Plant Cell Env. 9: 727-733.

Boucaud, J., Ungar, I.A. 1976. Influence of hormonal treatments on the growth of two halophytic species. Am. J. Bot. 63: 694-699.

Bradford, M. 1976. A rapid and sensitive method for the quantification of microgram quantities of protein utilizing the principle of protein-dye binding. Anal Bioch. 72: 248-254.

Bradford, K.J. 1986. Manipulation of seed water relations via osmotic priming to improve germination under stress conditions. Hort. Sci. 21: 1105-1112.

Bradford, J.K. 1995. Water relations in seed germination. In: Kigel J, Galili G, eds. Seed development and germination. New York: Marcel Dekker Inc, 351-396.

Bray, C.M., Davison, P.A., Ashraf, M., Taylor, M.R., 1989. Biochemical events during osmopriming of leek seed. Ann. Appl. Biol. 102: 185–193.

Cano, E.A., Bolarin, M.C., Perez-Alfocea, F., Caro, M. 1991. Effect of NaCl priming on increased salt tolerance in tomato. J. Hort. Sci. 66: 621-628.

Cayuela, E., Perez-Alfocea, F., Caro, M., Bolarin, M.C. 1996. Priming of seeds with NaCl induces physiological changes in tomato plants grown under salt stress. Physiol. Plant. 96: 231–236.

Centeno, C., Viveros, A., Brenes, A., Canales, R., Lozano A., Cuadra, C. 2001. Effect of several germination conditions on total P, phytate P, phytase, and acid phosphatase activities and inositol phosphate esters in rye and barley. J. Agric. Food Chem. 49: 3208-3215.

Chartzoulakis, K., Klapaki, G. 2000. Response of two greenhouse pepper hybrids to NaCl salinity during different growth stages. Sci. Hort. 86: 247-260.

Ching, T.M., Lin, T.P., Metzger, R.J. 1987. Purification and properties of acid phosphatase from plump and shrivelled seeds of triticale. Plant Physiol. 84: 789-795.

Cuartero, J., Fernandez-Munoz, R. 1999. Tomato and salinity. Sci. Hort. 78: 83-125.

Cuartero, J., Bolarin, M.C., Asins, M.J., Moreno, V. 2006. Increasing salt tolerance in tomato. J. Exp. Bot. 57: 1045-1058.

Davis, R.M., Subbarao, K.V., Kurtz, E.A. 1997. Compendium of lettuce disease. St. Paul, MN: APS Press.

DamirKaya, M., Okgu, G., Atak, G.Y.C., Kolsarici, O. 2006. Seed treatments to overcome salt and drought stress during germination in sunflower (*Helianthus annuus* L.). Europ. J. Agro. 24: 291-295.

Debez, A., Ben Hamed, K., Grignon, C., Abdelly, C. 2004. Salinity effects on germination, growth, and seed production of the halophyte *Cakile maritime*. Plant Soil 262: 179–189.

Dahal, P., Bradford, K.J., Jones, R.A., 1990. Effects of priming and endosperm integrity on seed germination rates of tomato genotypes. II. Germination at reduced water potential. J. Exp. Bot. 41: 1441–1453.

Dubey, R.S., Sharma, K.N. 1990. Behaviour of phosphatases in germinating rice in relation to salt tolerance. Plant Physiol. Biochem. 28: 17-26.

Duff, S.M.G., Sarath, G., Plaxton, W.C. 1994. The role of acid phosphatases in plant phosphorus metabolism. Physiol. Plant. 90: 791-800.

Ehrenshaft, M., Brambl, R. 1990. Respiration and mitochondrial biogenesis in germinating embryos of maize. Plant Physiol. 93: 295–304.

Ehsanpour, A.A., Amini, F. 2003. Effect of salt and drought stress on acid phosphatase activities in alfalfa (*Medicago sativa* L.) explants under in vitro culture. Afr. J. Biotechno. 2: 133-135.

El Madidi, S., El Baroudi B., Bani Aameur, F. 2004. Effects of Salinity on Germination and Early Growth of Barley (*Hordeum vulgare* L.) Cultivars. Inter. J. Agri. Biol. 6 (5): 767-770.

Ferreira, C.V., Granjeiro, J.M., Taga, E.M., Ayoama, H., 1998. Purification and characterization of multiple forms of soybean seed acid phosphatase. Plant Physiol. Biochem. 36 (7): 487-494.

Fincher, G.B. 1989. Molecular and cellular biology associated with endosperm mobilization in germinating cereal grains. Annu. Rev. Plant Physiol. Plant Mol. Biol. 40: 305-346.

Foolad, M.R. 1996. Response to selection for salt tolerance during germination in tomato seed derived from PI174263. J. Am. Soc. Hort. Sci. 121: 1001–1006.

Foolad, M.R., Lin, G.Y. 1997. Genetic potential for salt tolerance during germination in *Lycopersicon* species. Hort. Sci. 32: 296-300.

Fu, J.R., Lu, S.H., Chen, R.Z., Zhang, B.Z., Liu Z.S, Cai D.Y., 1988. Osmoconditioning of peanut (*Arachis hypogaea* L.) seed with PEG to improve vigor and some biochemical activities. Seed Sci. Tech. 16: 197–212.

Gallardo, K., Job, C., Groot, S.P.C., Puype, M., Demol, H., Vandekerckhove, J., Job D., 2001. Proteomic analysis of *Arabidopsis* seed germination and priming. Plant Physiol. 126: 835-848.

Gellatly, K.S., Moorhead, G.B.G., Duff, S.M.G., Lefebvre, D.D., Plaxton, W.C. 1994. Purification and characterizationof a potato tuber acid phosphatase having significant phosphotyrosine phosphatase activity. Plant Physiol. 106: 223-232.

Ghoulam, C., Fares, K. 2001. Effect of salinity on seed germination and early seedling growth of sugar beet (*Beta vulgaris* L.). Seed Sci. Tech. 29: 357-364.

Gibbins, L.N., Norris, F.W. 1963. Phytase and phosphatase in dwarf bean, *Phaseolus vulgaris*. Biochem. J. 86: 67-71.

Gibson, D.M., Ullah, A.H.J. 1988. Purification and characterization of acid phosphatase from cotyledons of germinating soybean seeds. Arch. Biochem. Biophys. 260: 514-520.

Gill, K.S., Singh, O.S. 1985. Effect of salinity on carbohydrate metabolism during paddy (*Oryza sativa*) seed germination under salt stress condition. J. Exp. Biol. 23: 384-386.

Gonnety1, J.T. Niamké, S., Faulet, B.M., Parfait, E.J., Kouadio1, N., Kouamé1, L.P. 2006. Purification and characterization of three low molecular-weight acid phosphatases from peanut (*Arachis hypogaea*) seedlings. Afr. J. Biotech. 5 (1): 35-44.

Gopal, G.R., Ramaiah, J.K., Rao, G.R. 1983. Influence of salinity on phytate breakdown and phytase activity in groundnut (*Arachis hypogaea* L.) cotyledons during germination. Nat. Acad. Sci. Letters 6: 85-87.

Granjeiro, P.A., Ferreira, C.V., Granjeiro, J.M., Taga, E.M., Aoyama, H. 1999. Purification and kinetic properties of a castor bean seed acid phosphatase containing sulffhyldryl groups. Physiol. Plant. 107: 151-158.

Grappin, P., Bouinot, D., Sotta, B., Miginiac, E., Jullien, M., 2000. Control of seed dormancy in *Nicotiana plumbaginifolia*: post-imbibition abscisic acid imposes dormancy maintenance. Planta 210: 279-285.

Gregory, B.D., Yazaki, J., Ecker, J.R. 2008. Utilizing tiling microarrays for whole-genome analysis in plants. Plant J. 53: 636-644.

Greiner, R., Jany, K.D., Larsson, A.M. 2000. Identification and purification of myo-inositol hexakisphosphate phosphohydrolases (phytases) from barley (*Hordeum vulgare*). J. Cereal Sci. 31: 127-139.

Greiner, R., Koneitzny, U., Jany, K. 1998. Purification and properties of a phytase from rye. J. Food Bioch. 22: 143-161.

Greiner, R. 2002. Purification and Characterization of three Phytases from germinated Lupine seeds (*Lupinus albus* Var. Amiga). J. Agric. Food Chem. 50 (23): 6858-6864.

Greipsson, S. 1997. A rapid adaptation to low salinity of inland colonizing populations of the littoral grass *leymus arenarius*. Int. J. Plant Sci. 158 (1): 73-78.

Gul, B., Weber, D.J., 1998. Effect of dormancy compounds on the germination of non-dormant *Allenrolfea occidentalis* under salinity stress. Ann. Bot. 82, 555–560.

Guo, J., Pesacreta, J.C. 1997. Purification and characterization of an acid phosphatase from the bulb of *Allium cepa* L. J. Plant Physiol. 151: 520-527.

Hajlaoui, H., Denden, M., Bouslama M. 2007. Etude de la variabilité intraspécifique de tolérance au stress salin du pois chiche (*Cicer arietinum* L.) au stade germination. Tropicultura 25 (3): 168-173.

Hassanpouraghdam, M.B., Pardaz, J.E., Akhtar., N.F. 2009. The effect of osmo priming on germination and seedling growth of *Brassica napus* L. under salinity conditions. J. Food Agri. Env. 7 (2): 620-622.

Hegeman, C.E., Grabau, E. 2001. A novel phytase with sequence similarity to purple acid phosphatases is expressed in cotyledons of germinating soybean seedlings. Plant Physiol. 126: 1598-1608.

Heydecker, W. 1973. Seed Ecology. London Butter Worth, 578p.

Houde, R.L., Alli, I., Kermasha, S. 1990. Purification and characterization of canola seed (*Brassica* sp.) phytase. J. Food Bioch. 14: 331-351.

Hollander VP. (1970). Acid phosphatase. In Boyer PD. (ed.). The enzymes. Vol. 4. New York: Academie Press, p. 449–498.

Huang, J., Redman, R.E. 1995. Salt tolerance of *Hordeum* and *Brassica* species during germination and early seedling growth. Can. J. Plant Sci. 75: 815-819.

Hussain, M.K., Rehman, O.U. 1995. Breeding sunflower for salt tolerance: association of shoot growth and mature plant traits for salt tolerance in cultivated sunflower (*Helianthus annuus* L.). Helia. 18: 69-76.

Hussain, M.K., Rehman, O.U. 1997. Evaluation of sunflower (*Helianthus annuus* L.) germplasm for salt tolerance at the shoot stage. Helia. 20: 69-78.

Iqbal M., Ashraf M., Jamil A., Rehman S. 2006. Does seed priming induce changes in the levels of some endogenous plant hormones in hexaploid wheat plants under salt stress? J. Integr. Plant Biol. 48: 181–189.

Iqbal H.F., Khalid M.N., Tahir, A., Ahmad, A.N. Rasul, E., 2001. Gibberellin alleviation of NaCl salinity in chickpea (*Cicer arietinum* L.). Pak. J. Biol. Sci. 4(3): 378-380.

Jain, A. Sharma A.D. Singh K. 2004. Plant Growth Hormones and Salt Stress-Mediated Changes in Acid and Alkaline Phosphatase Activities in the Pearl Millet Seeds. *Int. J. Agri. Biol.,* 6 (6), 960-963.

Jamil, M., Deog Bae L., Kwang Yong J., Ashraf, M., Sheong Chun L., Eui Shik R. 2006. Effect of salt (NaCl) stress on germination and early seedling growth of four vegetables species. J. Central Eur. Agric. 7: 273-282.

Jamil, M., Lee, C.C., Rehman, S.U., Lee, D.B., Ashraf, M. Rha, E.S. 2005. Salinity (NaCl) tolerance of *Brassica* species at germination and early seedling growth. Electron. J. Environ. Agric. Food Chem. 4 (4): 970-976.

Jamil, M., Rha, E.S. 2004. The effect of salinity (NaCl) on the germination and seedling of sugar beet (*Beta vulgaris* L.) and cabbage (*Brassica oleracea* L.). Korean J. Plant Res. 7: 226-232.

Jamil, M., Rha, E.S. 2007. Gibberellic acid (GA_3) enhance seed water uptake, germination and early seedling growth in sugar beet under salt stress. Pak. J. Biol. Sci. 10 (4): 654-658.

Janmohammadi, M., Moradi Dezfuli, P., Sharifzadeh, F. 2008. Seed invigoration techniques to improve germination and early growth of inbred line of maize under salinity and drought stress. Gen. Appl. Plant Physiol. 34: (3-4): 215-226.

Jeannette, S., Craig, R., Lynch, J.P. 2002. Salinity tolerance of *phaseolus* species during germination and early seedling growth. Crop Sci. 42: 1584-1594.

Jie, L.L, Ong, S, Dong, M.O., Fang, L, Hua, E.W., 2002. Effect of PEG on germination and active oxygen metabolism in wild rye (*Leymus chinesis*) seed. Acta Prata Culture Sinica 11, 59–64.

Jumsoon, K., Jeuonlai, C. and Ywonok, J. 1996. Effect of seed priming on the germinability of tomato (*Lycopercicon esculentum* Mill.) seeds under water and saline stress. J. Korean Soc. Hortic. Sci. 37: 516-521.

Kabar, K., Baltepe S. 1987. Alleviation of salinity stress on germination of barley seeds by plant growth regulators. Turk. J. Biol. 11 (3): 108-117.

Kamboh, M. A; Oki, Y. Adachi, T. 2000. Effect of pre-sowing seed treatments on germination and early seedling growth of wheat varieties under saline conditions. Soil Sci. Plant Nutr. 46: 249-255.

Kashem, M, Sultana, N, Ikeda, T, Hori, H., Loboda, T., Mitsui, T. 2000. Alteration of starch-sucrose transition in germinating wheat seed under sodium chloride salinity. J. Plant Biol. 43: 121-127.

Katembe, J.W., Ungar, I.A., Michell, J.P. 1998. Effect of salinity on germination and seedling growth of two Atriplex species (*Chenopodiaceae*). Ann. Bot. 82: 167-175.

Kaur, S., Gupta, A.K., Kaur, N. 1998. Gibberellic acid and kinetin partially reverse the effect of water stress on germination and seedling growth. Plant Growth Regul. 25: 29-33.

Kaur, S., Gupta, A.K., Kaur, N. 1998. Gibberellin A_3 reverses the effect of salt stress in chickpea (*Cicer arietinum* L.) seedlings by enhancing amylase activity and mobilization of starch in cotyledons. Plant Growth Regul. 26: 85-90.

Kaur, S., Gupta A.K., Kaur. N. 2002. Effect of osmo and hydro priming of chickpea seeds on seedling growth and carbohydrate metabolism under water deficit stress. Plant Growth Regul. 37: 17-22.

Kaya, M.D., Okcu, G., Atak, M., Cikili, Y., Kolsaric, O. 2006. Seed treatments to overcome salt and drought stress during germination in sunflower (*Helianthus annuus* L.). Europ. J. Agro. 24: 291-295.

Kebreab, E., Murdoch, A.J. 1999. Modeling the effects of water stress and temperature on germination rate of Orobanche aegyptiaca seeds. J. Exp. Bot. 50 (335): 655-664.

Khajeh-Hosseini, M., Powell, A.A., Bingham, I.J., 2003. The interaction between salinity stress and seed vigour during germination of soybean seeds. Seed Sci. Technol. 31: 715-725.

Khan, M.S.A., Hamid, A., Karim, M. 1997. Effects of sodium chloride on germination and seedling characters of different types of rice (*Oryza sativa* L.). J. Agro. Crop Sci. 179: 163-169.

Khan, M.A., Ungar, I.A. 2000. Alleviation of innate and salinity induced dormancy in *Atriplex griffithii* Moq. var. Stocksii Boiss. Seed Sci. Tech. 28: 29-38.

Kikunaga, S., Katoh, Y., Takahashi, M. 1991. Biochemical changes in phosphorus compounds and in the activity of phytase and α-amylase in the rice grain during germination. J. Sci. Food Agric. 56: 335-343.

Kim, J.H., Cho, H., Ryu, S.E., Choi, M.U. 2000. Effects of metal ions on the activity of protein tyrosine phosphatase VHR: highly potent and reversible oxidative inactivation by Cu^{2+} ion. Arch. Biochem. Biophys. 382: 72-80.

Kim, S.G., Park, C.M. 2008. Gibberellic acid-mediated salt signalling in seed germination. Plant Signaling Behavior 3(10): 877-879.

Koornneef, M., Bentsink, L., Hilhorst, H. 2002. Seed dormancy and germination. Curr Opin Plant Biol 51: 33–36

Kreps, J.A., Wu, Y., Chang, H.S., Zhu, T., Wang, X., Harper, J.F. 2002. Transcriptome changes for *Arabidopsis* in response to salt, osmotic and cold stress. Plant Physiol. 130: 2129-2141.

Kusudo, T., Sakaki, T., Inouye, K. 2003. Purification and characterization of purple acid phosphatase PAP1 from dry powder of sweet potato. Biosci. Biotechnol. Biochem. 67: 1609–1611.

Laboure, A.M., Gagnon, J., Lescure, A.M. 1993. Purification and characterization of a phytases (myo-inositol hexakisphosphate phosphohydrolases) accumulated in maize (*Zea mays*) seedlings during germination. Bioche. J. 295: 413-419.

Laemmli, U.K. 1970. Cleavage of structural proteins during the assembly of the head of bacteriophage T4. Nature 127: 680-685.

LeBansky, B.R., McKnight, T.D., Lawrence, L.R. 1992. Purification and characterization of a secreted purple phosphatase from soybean suspension cultures. Plant Physiol. 99: 391-395.

Lefebvre, D.D., Duff, S.M.G., File, C., Plaxton, W.C., 1990. Response to phosphate deprivation in *Brassica nigra* suspension cells. Enhancement of intracellular, cell surface and secreted phosphatase activities compared to increases in Pi-absorption rate. Plant Physiol. 93: 504-511.

Liao, H., Wonga, F.L., Phanga, T.H., Cheunga, M.Y., Lia W.Y.F., Shaoa G., Yanb, X., Lama, H.M. 2003. GmPAP3, a novel purple acid phosphatase-like gene in soybean induced by NaCl stress but not phosphorus deficiency. Gene 318: 103-111.

Lin, C.C., Kao, C.H. 1995. NaCl stress in rice seedlings: starch mobilization and the influence of gibberellic acid on seedling growth. Bot. Bull. Acad. Sin. 36: 169-173.

Lopez, M.L., Mongrand, S., Chua, N.H. 2001. A post germination developmental arrest checkpoint is mediated by abscisic acid and requires the ABI5 transcription factor in Arabidopsis. Proc. Nati. Acad. Sci. USA 98: 4782-4787.

Lott, J.N.A., Greenwood, J.S., Batten, G.D. 1995. Mechanisms and regulation of mineral nutrient storage during seed development. In: Kigel J, Galili G, eds. Seed development and germination. NewYork: Marcel Dekker Inc., 215–235.

Mantri, N., Ford, R., Coram, T., Pang, E. 2007. Transcriptional profiling of chickpea genes differentially regulated in response to high-salinity, cold and drought. BMC Genomics 8: 303.

March, J.G., Villacampa, A.I., Grases, F. 1995. Enzymatic-spectrophotometric determination of phytic acid with phytase from *Aspergillus ficuum*. Analy. Chimica Acta 300, 269-272.

Marschner, H. 1995. Mineral nutrition of higher plants. Academic Press, London, pp 889.

Masoudi, P., Gazanchian, A., Azizi, M. 2010. Improving emergence and early seedling growth of two cool season grasses affected by seed priming under saline conditions. Afr. J. Agric. Res. 5(11): 1288-1296.

Mass, E.V., Hoffman, G.J. 1977. Crop salt tolerance: Current assessment, J. Irrig. Drainage Div. Am. Soc. Civ. Eng. 103: 115-134.

Matsui, A., Ishida, J., Morosawa, T., Mochizuki, Y., Kaminuma, E., Endo, T.A. et al. 2008. Arabidopsis transcriptome analysis under drought, cold, high-salinity and ABA treatment conditions using a tiling array. Plant Cell Physiol. 49: 1135-1149.

Maugenest, S., Martinez, I., Lescure, A.M. 1997. Cloning and characterization of a cDNA encoding a maize seedlings phytase. Biochem. J. 322: 151-157.

Mazor, L., Perl, M., Negbi, M. 1984. Changes in some ATP-dependent activities in seed during treatment with polyethylene glycol and during redrying process. J. Exp. Bot. 35: 1119–1127.

McDonald, MB. 2000. Seed Priming, In: Black, M. and J.D. Bewley (Eds). Seed technology and its biological basis. Sheffield Acad. Press, Sheffield, UK., pp: 287-325.

McGrew, B.R., Green, D.M. 1990. Enhanced removal of detergent and recovery of enzymatic activity following sodium dodecyl sulfate-polyacrylamide gel electrophoresis: Use of casein in gel wash buffer. Analy. Biochem. 189: 68-74.

Memon, S.A. Xilin, H. Ju, W.L. 2008. Salt (NaCl) tolerance of non-heading Chinese cabbage (*Brassica campestris* spp. Chinensis var. communis Tsen et Lee) at germination and seedling growth. Elec. J. Env. Agri. Food Chem. 7(4): 2872-2880.

Meyer, H., Mayer, A.M., Harel, E., 1971. Acid phosphatases in germinating Lettuce - Evidence for partial activation. Physiol. Plant. **24:** 95-101.

Mitsuhashi, N., Ohnishi, M., Sekiguchi, Y., Kwon, Y., Chang, Y., Chung, S., Inoue, Y., Reid, R.J. Yagisawa, H., Mimura, T. 2005. Phytic acid synthesis and vacuolar accumulation in suspension-cultured cells of *Catharanthus roseus* induced by high concentration of inorganic phosphate and cations. Plant Physiol. 138: 1607-1614.

Moosavi, A., Tavakkol Afshari, R., Sharif-Zadeh, F., Aynehband, A. 2009. Effect of seed priming on germination characteristics, polyphenoloxidase and peroxidase activities of four amaranth cultivars. J. Food Agric. Env. 7: 353 - 358.

Morgan, P.W. 1990. Effects of abiotic stresses on plant hormone systems. In: Stres responses in Plants : Adaptation and acclimation mechanism. Alscher, R.G. and J.R. Cumming (Eds.), Wiley-Liss, New York.

Nagesh Babu, R. and Devaraj, V.R. 2008. High temperature and salt stress response in French bean (*Phaseolus vulgaris*), Aust. J. Crop Sci. 2 (2): 40-48.

Nandini-Chakrabarti, S., Mukherji, Chakrabarti, N. 2002. Effect of phytohormone pretreatment on metabolic changes in *Vigna radiata* under salt stress. J. Environ. Biol., 23: 295-300.

Neumann, P.M. 1995. Inhibition of root growth by salinity stress: Toxicity or an adaptive biophysical response, In: Baluska F., Ciamporova M., Gasparikova, O., Barlow P.W. (Eds.), Structure and Function of Roots, Kluwer Academic Publishers, The Netherlands, 299-304.

Numjun, K., Yeonok, J., Jeoung, L.C., Seong, M.K. 1997. Changes of seed proteins related to low temperature and germinability of primed seed of pepper (*Capsicum annuum* L.). J. Korean Soc. Hortic. Sci. 38: 342-346.

Obata, T., Suzuki H. 1976. gibberellic acid induced secretion of hydrolases in barley aleurone layers. Plant Cell Physiol. 17: 63-71.

Ohno, T., Zibilske, M.L. 1991. Determination of low concentrations of phosphorus in soil extracts using Malachite green. Soil Sci. Soci. Ame. J. 55: 892-895.

Olmos, E., Hellin, E. 1997. Cytochemical localization of ATPase plasma membrane and acid phosphatase by cerium based in a salt-adapted cell line of *Pisum sativum*. J. Exp. Bot. 48: 1529-1535.

Olczak, M., Watorek, W., Morawiecka, B. 1997. Purification and characterization of acid phosphatase from yellow lupin (*Lupinus luteus*) seeds. Biochim. Biophys. Acta 1341: 259-270.

Palma, J.M., Sandalio, L.M., Corpa,s F.J., Romero-Puertas, M.C., McCarthy, I. del Rio, L.A. 2002. Plant proteases, protein degradation, and oxidative stress: role of peroxisomes. Plant Physiol. Biochem. 40: 521-530.

Pan, S.M. 1987. Characterization of multiple acid phosphatases in salt stressed spinach leaves. Aust. J. Plant Physiol. 14: 117-124.

Panara, F., Pasqualini, S., Antonielli, M. 1990. Multiple forms of barley root acid phosphatases. Purification and some characteristics of the major cytoplasmic isoenzyme. Biochim. Biophys. Acta 1037: 73–80.

Park, H.C., Van Etten, R.L. 1986. Purification and characterization of homogeneous sunflower seed acid phosphatase. Phytochem. 25: 351-357.

Passam, H.C., Kakouriotis, D. 1994. The effects of osmoconditioning on the germination, emergence and early plant growth of cucumber under saline conditions. Hort. Sci. 57: 233–240.

Plaxton, W.C. 1996. The organization and regulation of plant glycolysis. Ann. Rev. Plant Physiol. Plant Mol. Biol. 47: 185-214.

Prazeres, J.N., Ferreira, C.V., Aoyama, H. 2004. Acid phosphatase activities during the germination of *Glycine max* seeds. Plant Physiol. Biochem. 42: 15-20.

Pritchard S.L., Charlton W.L., Baker A., Graham A. 2002. Germination and storage reserve mobilization are regulated independently in *Arabidopsis*. Plant J. 31(5): 639-647.

Pujol, J.A., Calvo, J.F., Ramırez-Dıaz, L. 2000. Recovery of germination in different osmotic conditions by four halophytes in Southeastern Spain. Ann. Bot. 85: 279-286.

Rahman, M. Soomro, U.A., Haq, M.Z., Gul, S. 2008. Effects of NaCl Salinity on Wheat (*Triticum aestivum* L.) Cultivars. World J. Agric. Sci. 4 (3): 398-403.

Ravindram, V., Ravindram, G., Sivalogan, S. 1994. Total and phytate phosphorus contents of various foods and feed-stuffs of plant origin. Food Chem. 50: 133-136.

Rehman, S., Harris, P.J.C., Bourne, W.F., Wilkin, J. 1996. The effect of sodium chloride on germination and the potassium and calcium contents of Acacia seeds. Seed Sci. Technol. 25: 45–57.

Saboora, A., Kiarostami, K. 2006. Salinity (NaCl) tolerance of wheat genotypes at germination and early seedling growth. Pak. J. Biol. Sci. 9 (11): 2009-2021.

Sadeghian, S.Y., Yavari, N. 2004. Effect of water-deficit stress on germination and early seedling growth in sugar beet. J. Agron. Crop Sci. 190: 138–144.

Said, S.A., Kashef, H.A.E.L., Mazar, M.M.E.L., Salama, O. 1996. Phytochemical and pharmacological studies on *Lactuca sativa* seed oil. Fitoterapia 67: 215–219.

Salehzade, H., Shishvan, M.I., Ghiyasi, M., Farouzin, F., Siyahjani, A.A. 2009. Effect of seed priming on germination and seedling growth of wheat (*Triticum aestivum* L.). Res. J. Biol. Sci. 4 (5): 629-631.

Saluja D., Mihra S., Lall, S., Sachar, R.C. 1989. Regulation of acid phosphatase by gibberellic acid in embryo-less half- seeds of wheat. Plant Sci. 62: 1-9.

Sarwar, N. Yousaf S. Jamil, F. F. 2006. Induction of salt tolerance in chickpea by using simple and safe chemicals. Pak. J. Bot. 38(2): 325-329.

Sedghi, M., Nemati, A., Esmaielpour, B. 2010. Effect of seed priming on germination and seedling growth of two medicinal plants under salinity. Emir. J. Food Agric. 22 (2): 130-139.

Senna, R., Simonin, V., Silva-Neto, M.A.C., Fialho, E. 2006. Induction of acid phosphatase activity during germination of maize (*Zea mays*) seeds. Plant Physiol. Biochem. 44: 467–473.

Shaik Mohamed Anas, S., Vivekanandan, M. 2000. Influence of NaCl salinity on the behavior of hydrolases and phosphatases in Mulberry genotypes: Relationship to salt tolerance. J. Plant Biol. 43(4): 217-225.

Sharma, A.D., Thakur, M, Rana, M., Singh, K. 2004. Effect of plant growth hormones and abiotic stresses on germination, growth and phosphatase activities in *Sorghum bicolor (L.)* Moench seeds. Afr. J. Biotechnol. 3(6): 308-312.

Singh, B.G. 1995. Effect of hydration-dehydration seed treatments on vigour and yield of sunflower. Indian J. Plant Physiol. 38: 66-68.

Singh, B.G., Rao, G. 1993. Effect of chemical soaking of sunflower (*Helianthus annuus* L.) seed on vigour index. Indian J. Agric. Sci. 63, 232-233.

Sivritepe, H.O., Eris, A., Sivritepe, N. 1999. The effects of priming treatments in melon seeds. Acta Hort. 492: 287-295.

Sivritepe, H.O., Dourado, A.M. 1995. The effect of priming treatments on the viability and accumulation of chromosomal damage in aged pea seeds. Annals Bot. 75: 165-171.

Sivriteps, N., Sivritepe, H.O., Eris, A. 2003. The effects of NaCl priming on salt tolerance in melon seedling grown under saline condition. Sci. Hortic. 97: 229-237.

Stavir, K., Gupta, K.A., Narinder, K. 1998. Gibberellin A_3 reverses the effect of salt stress in chickpea (*Cicer arietinum* L.) seedlings by enhancing amylase activity and mobilization of starch in cotyledons. Plant Growth Reg. 26 85-90.

Staswick, P.E., Papa, C., Huang, J., Rhee, Y. 1994. Purification of the major soybean leaf acid phosphatase that is increased by seed-pod removal. Plant Physiol. 104: 49-57.

Sulieman, M.A., Eltyeb, M.M., Abbass, M.A., Ibrahim, E.E.A., Babiker, E.E., Eltinay, A.H. 2007. Changes in chemical composition, phytate, phytase activity and minerals extractability of sprouted lentil cultivars. J. Biol. Sci. 7: 776-780.

Sung, H.G., Shin, H.T., Ha, J.K., Lai, H.L., Cheng, K.J., Lee, J.H. 2005. Effect of germination temperature on characteristics of phytase production from barley. Biore. Techn. 96: 1297-1303.

Tabaldi, L.A., Ruppenthal, R., Cargnelutti, D., Morsch, V.M., Pereira, L.B., Schetinger, M.R.C. 2007. Effects of metal elements on acid phosphatase activity in cucumber (*Cucumis sativus* L.) seedlings. Env. Exp. Bot. 59: 43-48.

Thomas, T.L. 1993. Gene expression during plant embryogenesis and germination: an overview, Plant Cell 5: 1401-1410.

Tobe, K., Zhang, L., Yu Qiu, G., Shimizu, H. Omasa, K. 2001. Characteristics of seeds germination in five non-halophytic Chinese desert shrub species. J. Arid Envir. 47 : 191-201.

Tobe, K., Li, X.M., Omasa, K. 2004. Effects of five different salts on seed germination and seedling growth of *Haloxylon ammodendron* (Chenopodiaceae). Seed Sci. Res. 14: 345-353.

Torres-Shumann, S., Godoy, J.A., Pintor-Toroja Moreno, F.J., Rodrigo, R.M., Garcia-Herdugo, G. 1989. NaCl effect on Tomato seed germination, cell activity and ion allocation. J. Plant Physiol. 135: 228-232.

Vakharia, D.N., Brearley, C.A., Wilkinson, M.C., Galliard, T., Laidman, D.L. 1987. Gibberellin modulation of phosphatidyl-choline turnover in weath aleurone tissue. *Planta,* 172: 502-507.

Van Etten, R.L., Waymack, P.P., Rehkop, D.M. 1974. Transition metal ion inhibition of enzyme-catalyzed phosphate ester displacement reactions. J. Am. Chem. Soc. 96: 6782–6785.

Vincent, J.B., Crowder, M.W., Averill, B.A. 1992. Hydrolysis of phosphate monoesters: a biological problem with multiple chemical solutions. Trends Biochem. Sci. 17: 105-110.

Welbaum, G.E., Bradford, K.J., Kyu-ock Y., Oluoch, M.O. 1998. Biophysical, physiological and biochemical processes regulating seed germination. Seed Sci. Res. 8: 161-172.

Werner, J.E., Finkelstein, R.R. 1995. Arabidopsis mutants with reduced response to NaCl and osmotic stress. Physiol Plant 93: 659-666.

Williamson, V.M., Colwell, G. 1991. Acid phosphatase - 1 from nematode resistant tomato. Plant Physiol. 97: 139–146.

Xiao, K., Harrison, M.J., Wang, Z.Y. 2005. Transgenic expression of a novel *M. truncatula* phytase gene results in improved acquisition of organic phosphorus by *Arabidopsis*. Planta 222: 27-36.

Xiong, L., Zhu, J.K. 2003. Regulation of abscissic acid biosynthesis. Plant Physiol. 133: 29-36.

Yan, X., Liao, H., Trull, M.C., Beebe, S.E., Lynch, J.P., 2001. Induction of major leaf acid phosphatase does not confer adaptation to low phosphorus avaibility. Plant Physiol. 125: 1901-1911.

Yagmur, M., Kaydan, D. 2008. Alleviation of osmotic stress of water and salt in germination and seedling growth of triticale with seed priming treatments. Afr. J. Biotech. 7 (13): 2156-2162.

Zapata, J.P, Serrano, M., Pretel, M.T., Amoros, A.M. 2003. Changes in ethylene evolution and polyamines profiles of seedlings of nine cultivars of lettuce in response to salt stress during germination. Plant Sci. 164: 557-563.

Zheng, Y., Duranti, M. 1995. Molecular properties and thermal secretion of lupin seed acid phosphatase. Phytochem. 40: 21- 22.

www.ressources-pedagogiques.ups-tlse.fr

physiology-végétale/M8G08/CHAPITRE VI. pdf : Les principales étapes du cycle de développement.

www.seedquest.com/vegetables/lettuce/expo/seeddynamics/seedstructure.htm